U0197794

食尚民国

海上食韵

祝淳翔　徐凡————著

团结出版社

© 团结出版社，2024 年

图书在版编目（CIP）数据

海上食韵 / 祝淳翔，徐凡著 . 一北京：团结出版
社，2024. 8. 一（食尚民国）. 一ISBN 978-7-5234
-1161-2

Ⅰ . TS971.202.51

中国国家版本馆 CIP 数据核字第 20245Z8M82 号

责任编辑：伍容萱
封面设计：阳洪燕

出　　版：团结出版社
　　　　　（北京市东城区东皇城根南街 84 号 邮编：100006）
电　　话：（010）65228880　65244790（出版社）
　　　　　（010）65238766　85113874　65133603（发行部）
　　　　　（010）65133603（邮购）
网　　址：http://www.tjpress.com
E-mail：zb65244790@vip.163.com
经　　销：全国新华书店
印　　装：三河市东方印刷有限公司

开　本：146mm×210mm　32 开
印　张：9.875　　　　　　　字　数：182 千字
版　次：2024 年 8 月 第 1 版　　印　次：2024 年 8 月 第 1 次印刷

书　号：978-7-5234-1161-2
定　价：48.00 元
　　　　（版权所属，盗版必究）

序　言

　　一本有趣的书，往往始于一些有意思的问题，好的问题会激发出人们十足的好奇心，促使他们捧起书一探究竟。而关于民国上海美食，我们遇到过许多有意思的问题。

　　"孤岛"时期的申城平民百姓如何对付一日三餐？

　　百年前的沪上文艺家们聚餐时，除了吃还有哪些游艺活动？

　　1945年的上海贫困家庭，曾经靠吃阳澄湖大闸蟹勉强度日吗？

　　民国上海人也喝"早酒"吗？

　　……

　　问题都来自我们对于民国上海既熟悉又陌生的经验，而问题的本质是民国上海的复杂与多样。

　　正如熊月之在《近代上海饭店与菜场》一书的总序中所写的：

　　在古今中外城市史上，没有一个城市像近代上海那么内蕴丰富，情况复杂。

这里人口多元。域内人口八成以上来自全国各地，包括江苏、浙江、安徽、福建、广东、湖南、山东等18个省区。

这里货币多元。几乎所有重要的列强都有银行在上海发行过货币，确切可计的有18家。

这里教育多元。除了国人官办或民办的学校之外，有教会办的，租界工部局、公董局办的，外侨团体办的。

这里宗教多元。门类之多，教务之盛，信徒之众，均为全国其他城市所罕见。

人口多元、民族多元、宗教多元，再加之文化多元的影响，让近代上海被称为东方巴黎、冒险家的乐园、十里洋场、富人的天堂、穷人的地狱等，同时也被誉为是近代民族工业的发祥地、红色中国的诞生地。①这种复杂性，其实都可以在民国上海的多样美食中找到并存的痕迹。

历史的复杂和丰富对写作者来说真是一项不小的挑战。无论我们怎样尽可能地搜集查找，到头来总会担心内容过于简单，选题有些局限，看法失之片面。然而对美食文化溯源的探索欲、记忆深处老味道引发的乡愁、与文献资料相伴的工作，让我们忍不住探讨这个宏大的话题。

---

① 黄薇《劝说与规训：基督教与近代上海社会风尚》，上海大学博士论文，2020年。

　　我们要讲的不是那个局限在曾经租界或者上海郊县中某种具体美食的味道或做法，而是竭尽所能以美食为镜头，探寻其背后被遮蔽的历史故事。希望通过它，你可以看到老上海的人文风情、社会气质、民俗画卷、食业发展。从这个角度来说，食物也是我们的向导。

　　在探讨中，本书采取了两种视角。

　　一种是聚焦于文化中的人，因为上海的一切美食都深深打上了来自五湖四海的人的烙印。从某种角度可以说，上海的美食历史无非反映来此打拼的人们的口味之集聚、竞争乃至融合之过程。正如那则拉丁文名句"Carpe Diem"所言，试着通过民国文献回到历史现场，努力去"抓住时光"，是颇值一试的。

　　另一种是关于美食的追溯和变迁。在这里上海民国历史不是由若干重大事件构成的，而是点点滴滴体现在饮食习俗的变迁上，让我们透过烟火气感受上海这个城市的变化。我们现在所熟悉的这些美食的背后都经历了几代上海人的传承和演变。在西风东渐的整个过程中，许多美食如炸猪排、牛肉汤、蛋糕、汽水、咖啡、冰淇淋，从高档西餐厅走向平民餐桌，食客们从难以下咽到主动接受，广告宣传也从外文报纸到本地小报，生产商在国货自强的风潮中也从外商经营演变为国货品牌。同时，上海是一个移民城市，来自山东、苏北、安徽、浙江、广东等地移民的迁入，也带来不同的味道。这些味道各自生长又互相影响，最终海纳百川融为上海特色。而这些海派美食特色辐射江浙地区，并影响到中国内陆。开埠以来,上海滩上的熙熙攘攘的美食品牌,有的成为已有百年历史的老字号,有的只是昙花一现。但它们都见证了这座城市改革创新的基因,连上海滩的美食发展,都是一点点试错试出来的。

对于笔者来说,这是"非常奢侈且过瘾"的历史回顾之行,我们给自己的定位是探索者、观察者,充其量算是非专业领域里面充满好奇的人,也许只是比旁人多了一些资料检索和考证方面的技能。我们努力避免口耳相传的街谈巷议,而是基于近代图书、期刊、报纸、方志等第一手文献的"海洋",在资料收集、细节考证上下"笨功夫"。笔者的所有努力是希望以更真实的视角、更准确的信息来源,通过美食这个镜头,去探索这座熟悉的城市所隐藏的故事。

上海民国美食这个话题实在不可能被说尽,事实上越是涉及这个领域,越是觉得我们所挖掘到的还太少太少。我们更希望的是能引起读者朋友的一种兴趣。如果能让越来越多的朋友产生回到当年报刊中自行探索的念头,那就更让我们感到荣幸。为了方便读者朋友探索,加上作为图书馆员的职业兴趣,我们在附录中提供了一些工具。希望能为读者在历史溯源之旅中带来些许方便。

目 录

文豪与猪肠，极雅对极俗。

草头圈子，

却是与鲁迅生不同时的美味了。

鲁迅与草头圈子

上两个月刷朋友圈，看到一个很有意思的题目：鲁迅吃过草头圈子吗？乍一看挺无厘头的，但至少不是坏问题，毕竟能让普通读者了解伟人的日常一面，接地气，自然是好的。然而穷搜群籍，似乎没有研究得这么细的。1995年《上海鲁迅研究》有人整理出"鲁迅家用菜谱"，为1927年11月至1928年6月，鲁迅、许广平和周建人等人合居虹口景云里时的用餐资料，细察其中的内脏菜，除了炒猪腰，也有以猪肝、猪肠为原料的炒三及第。如利用鲁迅日记和书信等第一手材料，可知鲁迅平素爱吃干菜、笋豆、粉丝、腌菜之类绍兴风味，但去饭店里吃了什么，日记里记得简之又简，则颇难索解了。也曾翻阅冯远臣《最是那碗人间烟火》与薛林荣《鲁迅的饭局》，非但没能找到答案，反倒越发糊涂了。后者写鲁迅与北京"八大居"之一的同和居时，提到其名菜有炸肥肠、九转肥肠、三不粘等，然而紧接着来了一句："鲁迅最喜欢这里的炸虾球，因为这个菜属于绍兴口味。"这一判断貌似失之武断，也应该允许人家换换口味嘛。

在展开讨论之前，先来作名词解释：草头学名苜蓿，老一辈的上海人也叫它金花菜；圈子嘛，就是猪的大肠或直肠，一般经洗净切段，红烧出锅，摆盘时能形成一个个小圈子，故此得名。

回到本文题目，鲁迅吃没吃过草头圈子呢？其实只消换个思路，答案便呼之欲出。我可以负责任地说，鲁迅绝对没有机会吃草头圈子，理由是1949年以前根本就没有这道菜啊。

上海早有烧圈子，这绝错不了。1924年10月7日《时事新报》刊《吃的经验》一文提及："纯粹的锡帮菜馆，在上海享盛名者绝少，大半苏锡或苏常合作，这种菜馆都是供给家常便饭的，吃整桌的主顾，绝少登门。我且举其中稍有名望的四马路聚昌馆为例，该馆开设已近十年，家常菜以'炒秃肺''炒圈子'很有些名声，堪与专卖秃肺的正兴馆（在饭店弄）拮抗。"次年10月25日同一报上，《述我之吃》文中，又称："三马路饭店弄之正兴馆，负盛誉于海上，'炒圈子''秃卷'尤负时望。实则正兴馆之菜，徒拥虚名而已，实无殊味可言。"真正值得一吃的馆子，要以"四马路之聚昌馆、满庭坊之同福馆为宜"。这聚昌馆，属正兴馆支系，据沈扬的《老正兴的前尘琐闻》①披露，它位于"福州路福建路转角处今吴宫饭店边上"，由一位叫沈金宝的无锡人与人合开。

至于生煸草头，据1938年10月11日《上海日报》"波罗杂写"栏（作者卢溢芳）所记："今苏帮饭店中，恒有'生边草头'一种，味美逾恒，使人向往。"可见亦早已有之。甚至1924年11月21日《时事新报》即刊有《吃的经验（三十）湖州饭店》，介绍湖州饭店这家开在福州路、广西路附近的小饭店有一道生煸草头，"将绝嫩的金花菜生炒，随点随下锅"。

沈扬先生曾听长期供职于聚昌馆的大哥讲过，起初"圈子和草头是一荤一素两样菜"，后经人提议将二者合而为一，"油腻的猪大肠用碧绿生青的金花菜（草头）垫底"，果然"色味俱佳"。问题在于，合并发生于何时呢？肯定不在20世纪30年代。

1949年6月，上海刚解放，号称是老正兴系里生意最红火的馆子——位于九江路300号的真老正兴菜馆，忽向报间投放大量广告，推出其顺应时代的"人民菜"，标榜为"独家首创"，广告词为"小菜只只结棍杀搏，价钱便宜不算还要货好"，主打物美价廉。在此抄录菜单：炒虾仁、青椒小炒、炒虾腰、炒士件、八宝辣酱、红

---

① 沈扬《老正兴的前尘琐闻》，《解放日报》2018年4月1日。

真老正兴馆的"人民菜"广告

《明湖春菜社点菜一览簿》里的各色肥肠

烧圈子、椒盐排骨、烧头尾、烧肚当……众所周知，本帮菜的特点是博采众长，融会贯通，现如今大行其道的草头圈子，在鲁迅去世十多年后仍未见踪迹，他老人家又去哪里享用呢？

话说回来了，鲁迅很可能吃过肥肠做的菜。1935年1月31日鲁迅日记："夜孟十还招饮于明湖春，与广平携海婴同往。"按，明湖春是一家山东济南菜馆，在京津济均设有店面，翻开《明湖春菜社点菜一览簿》，其中载着与肥肠相关的菜有：九转肥肠、红烧肥肠、白扒肥肠、锅烧肥肠、干炸肥肠、糟熘肥肠、糖煎肥肠、清炸肥肠、炸熘肥肠、金钱肥肠、炸凤眼肥肠……这诱惑大概很难抵制吧？

早餐主食，名唤大饼。

从古至今，变幻莫名。

平民早餐之大饼散论

大饼，是从前上海人早餐桌上的主食之一。它平平无奇，却已与人们相伴过百年，又由于其盛行往往与物资短缺时代相关联，一旦提起，便多半会勾起苦涩的记忆。因此，上海人对它的感情颇有些复杂。

这里先抛开议论，具体说说上海人讲的"大饼"究竟是什么。据赵珩《老饕续笔》中《烧饼与火烧》一文，"上海人将夹油条的那种类似于烧饼与火烧之间的饼叫'大饼'"。或许赵先生生长在北京，对于上海风物稍嫌隔膜，参阅张爱玲的散文《谈吃与画饼充饥》："大饼油条同吃，由于甜咸与质地厚韧脆薄的对照，与光吃烧饼味道大不相同。"可见，上海人所说的大饼，其实就是北方的烧饼。外形如何，无关宏旨。但她这篇文章发表于1980年，偏晚近。

于是翻检1963年版《独脚戏选》，此书中可见到大饼、葱油饼，乃至羌饼，却没有烧饼，可见上海人对于"大饼"这个概念已基本达成一致。要晓得演独脚戏（现称"独角戏"）的全都是道地的上海人，其中保留着相当丰富的方言语料，当然值得参考。

那么究竟何时，上海人开始普遍将北方的烧饼唤作大饼的呢？我估计是20世纪30年代。1936年11月8日《时事新报》第11版"青光"副刊，有《大饼论》一文，作者是北方人，曾见到"一篇南方人记吃大饼的文字，那上面记载着他吃了大饼五枚"，他觉得奇怪，"大饼不用张来计算，而用枚来计算"。等他到了南方，"才知道弄拧了，原来南方的大饼也者，是北方最小的烧饼也"。在文中，作者罗列了几种"真正北方的大饼"，如锅饼、煎饼、家常饼和薄饼，继而提及饼子（又称饽饽），最后才是烧饼，分为烧饼和火烧，前者种类很多，有马蹄烧饼、馅烧饼、芝麻酱烧饼、发面烧饼以及南方传过去的蟹壳黄，后者与之大同小异，只是表面多无芝麻。那么烧饼与（北方）大饼如何区分呢？他认为："烧饼异乎大饼的地方是制烧饼不用锅，是在炉中烤成的，大饼是用锅烙成而不是烤成的。"

有意思的是，大饼这个概念绝非"一蹴而就"，而是经历了一个漫长的演变过程。先来看古代，杨荫深《事物掌故丛谈·饮料食品》载：

饼是并的意思，是用面粉调和使它合并的一种食品。其名称似起于汉时，古无是称。……胡饼当起于胡地，正如胡琴、胡桃之称胡同。汉刘熙《释名》云："胡饼作之大漫沍也，亦言以胡麻着上也。"按胡麻即芝麻，是胡饼即今所谓大饼。但至北朝石勒时，因避讳改为博炉，至石虎又改为麻饼（见《赵录》）。

此外饼之为现在所常吃的，有烧饼，亦称为火饼，因以火烧炙而成的。……有千层饼、月饼、油酥饼，则见于宋周密《武林旧事》所载，可知宋时已有了的。

又大饼前已说过就是胡饼，今称为大其实不大，惟宋刘义庆《幽明录》所载后秦时有"胡僧为大胡饼径一丈，僧坐在上，先食正西，次食正北，次食正南，所余卷而吞之"。则确得大之称。惟至五代又有更大的，如孙光宪《北梦琐言》云：

王蜀时有赵雄武者，众号赵大饼，累典名郡，为一时之富豪，严洁奉身，精于饮馔。居常不使膳夫，六局之中，各有二婢执役，当厨者十五余辈，皆着窄袖鲜洁衣装，事一餐，邀一客，必水陆具（俱）备，虽王侯之家，不相仿焉。有能造大饼，每三斗面擀一枚，大于数间屋。或大内宴聚，或豪客有广筵，多于众宾内献一枚，裁剖用之，皆有余矣。虽亲密懿分，莫知擀造之法，以此得大饼之号。

饼大至数间屋，那真是异想天开了，可谓自古以来，除赵家以外无此偌大之饼的。

近代以来，演变依旧。清光绪年间，其名曰烧饼，以我佛山人（吴趼人）《二十年目睹之怪现状》第六回"澈底寻根表明骗子，穷形极相画出旗人"①为例，描述一位旗人花一个多时辰吃烧饼，还伸出指头蘸唾沫在桌上写字，目的是将饼上不小心落下的芝麻吃尽。讽刺意味十足了。

后来又看见他在腰里掏出两个京钱来，买了一个烧饼，在那里撕着吃，细细咀嚼，象很有味的光景。吃了一个多时辰，方才吃完。忽然又伸出一个指头儿，蘸些唾沫，在桌上写字，蘸一口，写一笔。高升心中很以为奇，暗想这个人何以用功到如此，在茶馆里还背临古帖呢？细细留心去看他写甚么字。原来他哪里是写字，只因他吃烧饼时，虽然吃的十分小心，那饼上的芝麻，总不免有些掉在桌上，他要拿舌头舐了，拿手扫来吃了，恐怕叫人家看见不好看，失了架子，所以在那里假装着写字蘸来吃。看他写了半天字，桌上的芝麻一颗也没有了。他又忽然在那里出神，象想甚么似的。想了一会，忽然又象醒悟过来似的，把桌子狠狠的一拍，又蘸了唾沫去写字。你道为甚么呢？原来他吃烧饼的时候，有两颗芝麻掉在桌子缝里，任凭他怎样蘸唾沫写字，总写不到他嘴里，所以他故意

---

① 吴趼人《二十年目睹之怪现状》，原刊《新小说》1904年第10期。

做成忘记的样子，又故意做成忽然醒悟的样子，把桌子拍一拍，那芝麻自然震了出来，他再做成写字的样子，自然就到了嘴了。

宣统元年（1909），它被称为"塌饼"。1909年12月29日出版的《图画日报》第136号有漫画"营业写真做塌饼"，在漫画旁边还配有一首歌谣：

塌饼司务好生意，做成烘入饼炉里。
朝板、盘香、蟹壳黄（皆饼名），还有瓦爿（亦饼名）名色异。
瓦爿饼，销场粗，只因近来蹩脚大少多。
当日山珍海味难下咽，试问今朝啖饼味如何？

据沪上学者薛理勇解释，状如朝板（笏板）者称"朝板"；圆状者称"盘香饼"；状如瓦片者称"瓦爿饼"；添加油料较多，吃到口中较酥松者叫作"油酥大饼"或"油酥饼"；油酥较多，内含酥心者，以其外形如蟹壳，又被称作"蟹壳黄"。

海上漱石生（孙玉声）在《上海物产考》中还记录了两种上海早年间蛮特殊的饼：

文明饼：此饼始于公共租界三马路美仁里斜对之卖饼摊，有豆

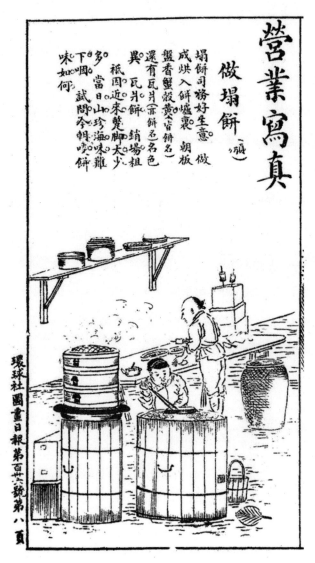

《营业写真：做塌饼》

沙、玫瑰、白糖、枣泥等馅，食者以其可口，生意日佳，各茶食店乃亦如法仿制，并增柠檬、香蕉、鸡绒等饼，于是文明饼乃风行于时焉。[1]

献灶饼：夏历六月二十四日，居民以糖饼祀灶，谓之献灶饼。是日有沿街托盘唤售者。[2]

民国时期，瓦爿饼曾脍炙人口。如1933年4月9日《社会日报》，刊有汪仲贤撰述、许晓霞绘图的《上海俗语图说·五九·么六夜饭》，即以瓦爿饼为引子："'大少爷落难，瓦爿饼当夜饭。'这也是传诵人口的一种上海童谣，意在讽嘲纨袴子弟，平常花天酒地，挥金如土，将祖先所遗留的造孽钱挥霍完了，大少爷便到了落难时期，弄得衣衫褴褛，无面目见人。挨了一天的饿，忍到晚饭时候，方筹得四个青铜钱，向饼摊上购得一块瓦爿饼充饥，情形也就十分凄惨了。"

有人概括说，方言是时间的遗产，也是流动的历史。在20世纪30年代，上海人对烧饼的称谓发生了微妙的变迁，后来索性直接叫大饼了。何以如此呢？薛理勇分析道，大饼是扁平的，塌在炉壁上

---

[1] 海上漱石生《上海物产者》，《时事新报》1925年12月24日第11版。
[2] 海上漱石生《上海物产者》，《时事新报》1925年12月30日第11版。

烘烤的饼，所以称塌饼。而沪语中 ta、da 谐音，遂被讹为大饼。但这一说法恐留有破绽。首先，因为塌饼只在清末民初时经常使用，然而为时不久。其次，从读音上看，塌是入声字，读音短促；大则是去声字，音调较长。二者并不谐音。

另见 1926 年 9 月 15 日游艺日报《大世界》，有《山东大饼与宁波苔条饼合传》一文，作者称："山东大饼之在南方，势力初不甚伟，迨民三以后，渐形膨胀，南方诸饼，咸有被摈之势，盖山东大饼面积既大，抵抗饥饿力亦极强盛。于是一般急不择食者流，争相依赖，藉为果腹之计，致使山东大饼……在扬子江流域，风行已久，他饼皆望尘莫及也。"

说到底这大概可以归结为一种语言现象，类似于经济学范畴里的"赢家通吃"法则。起初"烧饼"一词各地都在用，但在上海人读来，也许会产生不雅的谐音，而且山东大饼已然家喻户晓，于是久而久之，一切烧饼都渐渐地被称为"大饼"，吆喝起来也响亮些。类似的例子很多，譬如"马路"一词，一开始是供车马行走的道路，斗转星移，时移世变。如今一切道路都被称为马路，大街小巷，唯剩大马路、小马路的区别。但我也只是推测罢了，真相究竟如何，未敢遽断。

眼见他起高楼，
眼见他宴宾客，
眼见他楼塌了，
且看大富贵菜馆兴衰史。

大富贵菜馆的经理陶吟楼

老西门中华路有一家中华老字号大富贵酒楼，专营徽帮菜，它的历史可以追溯到1901年安徽邵氏开办的徽州丹凤楼。在1937年日军侵略上海的战火中，丹凤楼被迫停业，之后重开时没有再使用原名，改名大富贵，一直延续至今。而在20世纪20年代，在南市地区另有一家名叫大富贵的本帮菜馆，曾兴盛一时，如今已鲜为人知……

20世纪20年代的前六年，中国大地正处于军阀混战时代后期。与此同时，上海地处长江流域广袤的腹地，又凭借租界的特殊地位，呈现出一派畸形繁荣景象。随着商贸环境的日益兴盛，本地绅商们纷纷办起各种实业，此起彼伏，不亦乐乎，这其中就包括了本文题目中的大富贵菜馆。

自1924年2月15日起一连多日，《新闻报》头版刊有《大富贵菜馆开幕广告》："本馆在上海市中区肇嘉路即旧大东门内彩衣街中市觅屋，组织翻建宽大新厅礼堂，房屋高爽，座位舒畅，治肴务求精良，伺应尤极周到，车马交通亦甚便利，如蒙惠租，价格格外从廉，兹择于夏历新正月十七日开幕。邦人士女曷兴乎来？"查万年历，这年的农历正月十七，即公历2月21日。

1924年2月28日《时事新报》又有一则报道《城内之公共结婚场所，名大富贵菜馆，系沪绅所创办》："沪上地方绅董李钟珏、莫锡纶、张焕斗、姚文楠、陆文麓、叶迹、顾履桂、姚福同、姚曾绶等，因查华界自填浜筑路以来，市面日见振兴，商业亦渐繁盛，民间对于喜庆等事，咸向北市租界赁定旅馆或菜馆为结婚场所，多感不便，爰特公同发起纠集股款，在城内彩衣街中段兴建大富贵菜馆，并在内中附设大礼堂，名曰'三多堂'，现已筹备妥洽，订于明日午刻举行开幕礼，预备请帖邀沪上官绅商学各界人士到来参观云。"按，李钟珏字平书，姚文楠一名姚紫若，顾履桂字馨一。他们都是上海县商会的会董，属于绅商里的头面人物。而受邀者则囊括了政商学多界，要将这些人凑齐再举行典礼，大概是需要一定的机缘的。换言之，大富贵菜馆理应是在2月21日正式开业的，而要等上一周才在29日举办盛大的开业典礼。

　　孔子曰："必也正名乎？"引申开来可以说，在中国办事业须取一个好听的名字，方能趋吉避凶，事事顺利。大富贵店名，不外乎此。它源于成句"大富贵亦寿考"，典出宋李昉《太平广记》卷十九"神仙十九"引《神仙感遇传》，为郭子仪遇织女事，那六字出自织女之口，为后世常用吉祥语以及吉祥图画的题目。

　　那么2月29日正午的开业典礼，请到了哪些官方知名人士呢？3月1日《新闻报》刊有一则短讯《大富贵菜馆股东宴客》，提及"本城彩衣街新开大富贵菜馆股东姚紫若等，昨午假座该馆，设筵

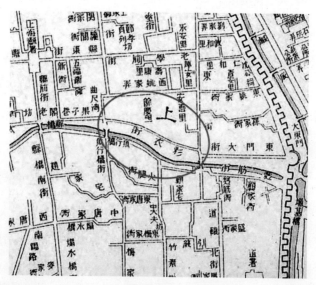

此图截取自宣统二年（1910）年商务版《实测上海城厢租界图》，彩衣街南为肇嘉浜东段。1914年填浜筑路，称肇浜路或肇嘉路，抗战胜利后改称复兴东路至今

柬邀松沪护军使何茂如、淞沪警察厅长陆芷亭、上海县沈蕴石及商界有名人物，至馆午餐。一时车马盈门，颇为热闹云"。今按，何茂如即何丰林，字茂如，山东平阴人。先是皖系军阀卢永祥心腹，后投靠张作霖，东北易帜后，为国民政府陆军中将。今肇嘉浜路枫林桥，实与枫树林无关，它原名丰林桥，就是以何丰林的名字命名的。一家菜馆竟然请到了地方最高长官出席开业典礼，可见股东们是多么神通广大。

也许正由于该菜馆的股东都是一些绅商，开业后的几个月内，有许多重要活动在此举行，如3月31日《时事新报》报道《参事员宴请官绅》："本县县参事员姚文楠、叶增铭、潘良士、周文炽、赵履信、杨鸿藻、吴履平等，定于四月一日下午六时，借本城大富贵菜馆设筵，款请上海县知事沈宝昌、上海县议事会正副议长莫锡纶、李味青暨全体议员宴饮。"同一张报纸7月1日报道《浦东同人会董事会记》称其"假座城内大富贵酒馆开董事会……聚餐而散"。次年2月16日，该报还报道《沪城红会宴请各界》："假城内大富贵菜馆，设宴款请各界，是日来宾之与宴者，有县商会会长姚紫（若）君、慈善团经理凌伯华、红会总办事处议长王一亭以及男女来宾一百余人……"

多年以后，海上漱石生（孙玉声）在《金钢钻》报"沪壖话旧录"专栏①透露，此地原为"故绅李晋三君旧宅，改设一大规模菜馆，曰大富贵"，开业以来，因"屋址宽展，厅事轩昂，足供近日假设婚丧喜庆等之礼堂，以是恒座客常满"。1919年12月1日《申报》报道《变卖市房招人投标》，其中"沪城彩衣街六十九号七十号市房两幢，现开西书厅茶馆，为李竹如之产"，那房产经过估价，值"九百元，已于昨日出示发贴西书厅前，仰诸色人等到厅投标"。又见1929年10月1日《申报》所刊《听稗琐谈》文中，称"城内西书厅（即今之大富贵菜馆地址）"，可知李竹如或即李晋三。

行文至此，本文的主角陶吟楼迟迟未登场。君不见，美食界有一句脍炙人口的名言："不懂吃的人是'吃饭店'，懂吃的人是'吃厨师'。"这一判断着实道出了菜馆吸引顾客的主要理由，或其立身之本。这句话出自陆文夫的散文《吃喝之道》，此文可视作其中篇代表作《美食家》②的创作谈。有意思的是，陆文夫本不谙烹调之道，这句话的实际版权来自老作家周瘦鹃，毕竟"美食家并非天生，也需要学习，最好还要能得到名师的指点。我所以能懂得一点吃喝之道，是向我的前辈作家周瘦鹃先生学来的"。陆作家在文中如是说。

---

① 海上漱石生《南北市菜馆之变迁》，《金钢钻》1932年11月23日。

② 原刊《收获》1983年第1期，小说获1983—1984年全国优秀中篇小说奖。

陶吟楼何许人也？现有资料很少，我最早是在编《严独鹤文集·散文卷》时，偶然间发现他的。在名为《沪上酒食肆之比较》[①]一文中，严氏写道："酒馆旅馆以外，尚有包办筵席之厨子，亦不乏能手。以余所知，城中陶银楼，实为最佳。其次则为马荣（永）记。陶所做菜，皆能别出心裁，异常精致，且浓淡酸咸，各有真味，至足令人叹美。惟烧鱼翅着腻过多，亦一缺点。马荣（永）记之烹调方法，颇近于一品香，而味似转胜。舍陶马之外，则厨子虽多，皆碌碌无足称述。"按，银楼、吟楼谐音，前者市井，后者雅致，而作为人名或字号，在当年可并行不悖。鉴于1931年版《上海商业名录》，大富贵菜馆的经理为陶吟楼，故本文以此称之。

严独鹤是与周瘦鹃齐名的《新》《申》两报著名副刊编辑，亦同为狼虎会成员，他的这篇长文是应《红杂志》理事编辑（相当于执行主编）施济群之邀而撰，副标题为"社会调查录之一"，文中又有"值此春酒宴贺之际"几字，顾名思义，严氏是忙里偷闲，凭借其几十年丰富的居沪用餐经验，赶在1922年春节之前，精心结撰，才成就如此经典名篇的吧。

再对文章的具体内容略作分析，严氏举出两位名厨，排在首位的是陶吟楼，他做菜颇费心思，精致是指菜品色香味俱佳，别出心

---

① 严独鹤《沪上酒食肆之比较》，原刊《红杂志》1922年第33期至第35期。

大富贵菜馆
大東門彩衣街
主要營業：酒菜
經　理：陶吟樓
電　話：南市六八三

裁是说他能推陈出新，在前人基础上进一步创新。又在调味上适应众口，浓淡相宜，只是烧鱼翅的时候，着腻（勾芡）太厚，算是仅有的一处缺点。与之相提并论的马永记厨房，只说比一品香番菜馆的味道稍好，便一笔带过。亦可见对于前者推崇之高。

严独鹤慧眼独具，已见出陶吟楼厨艺高妙，果然没过几年，他就与人一同创办了大富贵菜馆。消息见诸1924年9月18日《时事新报》上《内地菜馆》一文之末："今春有专门婚丧人家包办酒席之厨子，名陶银楼，纠合股东，集资在大东门肇浜路，创设大规模之大酒馆，其市招曰'大富贵'，房屋宽广，除精制延（筵）席外，并租给婚丧人家，陈设礼堂灵堂之用。开办以来，生意尚属不恶，惟为招徕主顾起见，定价较大众为廉，故非特不能盈余，闻且亏折焉。"此文署名"木二"，本尊不详，但他对于当时本埠菜馆业态的分布与兴盛变迁颇有见解，如称"当租界未繁盛时，本埠之商业重心，集中于南市，故十六铺及小东门内，均有大酒馆"，而"自租界兴盛，南市商业，渐移于北，各酒馆生意日衰。……迄今南市已无大酒馆"。可知大富贵开在南市，离租界略为偏远，要想让它免受商业大势不振的影响，立于不败之地，是需要具备一定勇气和策略的。

菜馆开办一年之后，其营业状况如何呢？食客们自有发言权。

1925年10月28日《时事新报》刊春茧《述我之吃·六》：

有庖人曰陶银楼者，以烹调著于城内，缙绅大族，每逢宴会辄召陶厨。陶已自营一肆于彩衣街矣，肆名大富贵，就餐其中，以整席为宜；若夫零食，则一味冷碟，取值至大洋三角，一器汤炒，竟至半元大洋，味虽美而值太奢，得不偿失矣。

陶沪人也，顾其所治之肴，能兼各派之长。奶油鱼唇，川菜中之卓著者也；鱼皮馄饨，粤馆中之独擅者也，陶皆一一优为之，且其味绝胜，能青出于蓝而胜于蓝。

陶更以八宝饭著。陶所制之八宝饭，既糯且香，亦甘亦美，无油腻之气，得清芬之致。自食八宝饭以来，未有胜于陶制者也。

整席取值，其廉特甚。八元一席者，有六大菜，六汤炒，四热盆，四冷盆，两道点心之多。大菜之中，有"蟹黄鱼翅""清蒸全鸭"等等；汤炒之中，竟用"奶油鱼唇""口蘑川笋"之属，而又参以西式。有马永记、宋桂记之风味，惟盛肴之器，质而不华，重实轻华，银楼有焉。

作者春茧，应即作家张恂子，他与顾佛影、王小逸并称"浦东三杰"。①据他所述，陶吟楼的特色在于博采众长，既能取各派之长，还能得出蓝之势，实属不易。而在烹制家常点心八宝饭时，他也能做到清香甘美，又不油腻，的确是别出心裁了。至于整席便宜，单买价贵，是当时各菜馆的常态，估计整席能做到集中采购，尽量降低经营成本，类似打包批发的概念吧。

陶吟楼是如何成才的？他拜谁为师？曾在多家不同菜系的馆子里实习过？抑或是味觉细胞异常发达，能靠灵感在短时期内无师自通？因文献不足，无从知晓。目前能查到的，为1918年3月7日《时事新报》"本埠时事"版，报道《上海庖人之团体思想》，称上海县厨业同业，于去夏在南市药局弄购得郑姓基地及楼房，加以修缮，作为集议办事之所（厨业公所），定名"鼎和堂"，并于1917年12月9日开会，公举胡树根、顾连生和钱金寿三人分别担任中市、南市和北市领袖，高菊亭、陶银楼、赵文祥等三十人，为帮办员。并订立行规七条，如规定"公举业董一人、领袖三人、帮办三十

① 详细生平，可参刘祥安《挑开宫闱绘春色的画师：张恂子评传》，南京出版社1994年版。

人。每次十二人，四月轮办、经理业中一切事宜"；"每人各缴行单费洋一元，掣领行单，如有婚丧喜庆及请客等各生意，不论包办代买，而承接生意者，至少每月捐洋四角，即做长生意及包伙食者亦然。凡帮工者至少每月捐洋二角"；"各人生意，不得任意谋挖；各人各做，违者议罚"；等等。而能做到30名帮办员之一，足见其在业内地位之高。

1925年11月11日，在《时事新报》"青光"副刊版面的一角，刊出《上海红人录》，将陶银楼这位厨司红人，与相面红人王乔松、中医红人夏应堂及双簧红人莲姑娘相提并论。按，《上海红人录》前后连载20多期，多由读者自由投稿，每次披露若干位业界"红人"，虽说这些人多半上不了台面，但总也要积累起一定的社会知名度，才能"荣登"榜单。总之，将陶氏视为彼时沪上阛阓精英，应是恰如其分的。

12月8日，《时事新报》又有海上漱石生的连载文章《上海物产考》，记"本地菜馆著名食品"，先是提及历史最为悠久的人和馆，"开设已历百年，昔时著名之菜，为翅三丝、三鲜汤、八宝鸭、红烧蹄子、糟炊青鱼、蜜炙一封书火方、走油肉金银蹄等。菜必满碗，堪供老饕家一饱；热炒则花色不多，恒为虾仁鸡片、鱼片、腰子、炒士件等刻板食单。今此馆尚在，虽已烹调略有改革，然欲与京川闽广等各馆相较，此朴彼奢，相去远甚"。紧接着推荐大富贵菜馆，称："近岁彩衣街所开之大富贵，亦本地馆，馆主陶吟楼，素精烹饪，所煮特别之菜甚多，有煮面筋等，堪称异味。故南市及城内绅商，皆赞许之，将来本地菜馆中，其足雄占一席欤？"虽然说他能煮许多特别之菜，却只举了一道极普通的菜，其结论也是一句疑问句，但是仍不难从中读出推崇与期许之微义。

到了1926年，大富贵里的聚餐活动得以延续。1月3日《时事新报》报道《瞿直甫医院开幕》，称："该院于元旦日正式开幕……晚间设席大富贵酒楼，宴请政绅商学医各界到者，不下百余人，觥筹交错，颇极一时之盛。"3月24日《民国日报》报道《金银业工潮解决》，提及"于昨日下午八时，在大富贵酒楼公宴调人，到者有工商友谊会童理璋等"。

值得一提的是，5月9日《民国日报》报道："国民外交会，该会定今日上午十一时，假南市大东门内大街大富贵酒楼，举行聚餐会，以志纪念。"次日的《民国日报》披露了聚餐活动具体信息："首由主席周霁光报告，词甚痛切，次徐翰臣、吴山等演说，末痛饮而散。"不料11日的《笑报》三日刊，怪风（作家秦瘦鸥的笔名）撰杂文《五九大富贵叙餐》，辛辣地指出"聚餐是聚些同志，大家谈谈，吃喝着说笑"，但是在国耻日聚餐，"许多热血的志士，大家聚着，演讲国耻的痛史，要使全国同胞，卧薪尝胆，雪耻复仇，顺便一同吃喝着说笑"，似乎不合时宜。不知这些冷言冷语是否会牵累该菜馆的声誉。

1927年，还有相关报道。"江苏医科大学旅沪毕业同学会成立以来，已届五载，前假大东门彩衣街大富贵菜馆开春季常会，到者二十余人。"①"上海中城商界联合会，于昨日下午二时，假座肇嘉路大富贵酒楼开六周纪念改组大会，到者会员百余人。"②与此同时，也见到至少两则法院公告："一件判决，裕昌火腿行与大富贵货款涉讼一案（主文），被告应给付原告洋三千四百三十四元七角六分，讼费由被告负担。"③"一件判决，蒋金宝与陶银楼货款涉讼一案主文，被告应偿还原告货款洋三百二十九元七角六分五厘，诉讼费用由被告负担。"④似乎表明其流动资金出现了问题。

除了社会团体的聚餐活动，婚丧仪式开在大富贵的，亦复不少。举三则名人为例：1925年5月10日，《申报》编辑许窥豹与周志琴女士"结婚于大富贵，本社（黄）文农、（江）红蕉绘一五彩《文豹弹琴图》，并题韵语，赠许为祝"。⑤此外，1928年4月10日，前驻芬兰公使李家鏊（兰舟）的灵柩，在此公祭。1929年12月28

① 《苏医大旅沪毕业同学开春季会》，《申报》1927年4月19日。

② 《中城商联会改组会纪》，《申报》1927年12月29日。

③ 《申报》1927年9月24日。

④ 《公布栏·地方法院》，《民国日报》1927年12月15日。

⑤ 《晶报》1925年5月9日。

日《申报》称前江苏教育厅厅长沈商耆的奠仪，也将于下月"五日在大东门大富贵领帖开吊"。

然而俗谚云："世事无常，兴尽悲来。"1930年1月1日，《民国日报》《申报》《新闻报》等先后刊出启事，以《民国日报》为例，题为《沈星侠律师代表卫松记、聚大、裕昌、孙许生、陆金记、福康、沈阿能、恒隆，警告南市大富贵菜馆》，律师受"当事人卫松记鱼行、聚大鲜肉庄、裕昌火腿行、陆金记鲜肉庄、沈阿能鸡鸭行、福康南货行、恒隆海味号、孙许生虾行"等八家共同委托，依法办理，登报警告，并已向法院申请假处分。几天后又有闵和记鸡鸭行、姚静山、秦阿荣、孙春炳加入，共计12家债权人（主要为供货商）。按，"假处分"是司法保全程序的一种，指"法院因债权人提出保全其金钱以外的请求权将来得以强制执行的请求而就其请求标的为一定处分的程序"。[①]

发生了什么事呢？上述启事边上还有《大富贵菜馆债权人公鉴》："查南市大富贵菜馆现籍股东兼经理陶吟楼逝世，店务人负责对于结欠同人一切账款，竟致托词推宕，同人等在此年关结束，自应联合诉追，以维血本……"

1月8日的《时事新报》，报道《大富贵菜馆声请假处分，总理

_____

① 《法学词典》，上海辞书出版社1980年版，第632页。

病逝债权恐慌》：“沪城大东门内彩衣街大富贵菜馆，创设以来，已自多年，规模宏敞，为城中首屈一指。该馆总经理陶吟楼，因交游广阔，挥耗不赀，致成外强中干，历年亏负有数万金之巨。日前陶忽因病逝世，店务乏人主持，嗣各债权闻悉该菜馆有出盘与人消息，是以邀请律师，已向地方法院声请假处分，在诉讼未结束前，任何人不得受盘。”文中举出造成菜馆亏损的理由，“交游广阔，挥耗不赀”，似乎言之成理。但其实两天前的《申报》，已可见到陶吟楼遗孀陶萧氏授意律师发出《朱希云律师代表大富贵菜馆宣告清理并召盘店基生财通告》：“本律师兹受南市大富贵菜馆已故陶吟楼之妻陶萧氏委托，代表该馆清理并召盘店基、生财等语前来，据此务希该馆各债权人于一星期内，携据前来登记，以便查核所有各债务人，亦希于上开期内，将欠款交来取回收据，免予诉追，如欲受盘该馆店基生财者，亦请至本事务所接洽可也。特此通告。”论态度之积极，实令人感佩。同时也表明区区数万元并不能使陶家破产。换言之，菜馆利润丰厚，若将历年积蓄拿出来，并对店基（固定资产）和生财（家具杂物）加以清理，足以还清债务。

1933年10月12日，《夜报》刊出新闻《大富贵经理家中失火毁屋三间》，称“城内肇嘉路大富贵菜馆经理周某”，可知该馆由此人接盘，继续经营。

《申报》再一次提及陶吟楼的名讳，则已到了1934年4月28日。

这次的主角是陶的儿子陶阿炳。

东唐家弄破获红丸毒窟：除秘密销售红丸外，并设烟榻供人吸食

小南门内东唐家弄第三十三号门牌内、近由前大东门肇嘉路大富贵酒菜馆经理本地人陶吟楼之子陶阿炳（现年三十二岁），集资在彼私设红丸毒窟一所，除秘密销售红丸毒品外，并设榻供人吸食，讵因事机不密，昨为市公安局侦缉队侦悉，拨派领班陈才福等，会同该管一区三所警士王栋甫按址驰往该处，但见有烟客多人，正在窟内吞云吐雾，吸食红丸，乃即上前分投拘捕得将窟主陶阿炳及烟客陶王氏、钱阿虎、王阿四、孙双庆、杨月楼、严龙寿、宗三宝、杨子良等九名，并予逮获，连同搜出之大批红丸烟具，及钞洋三十二元、小洋二十四角，带入该所。旋经所长金殿扬略事诘讯后，即交来员带局究惩。

红丸，一说来自日本，用吗啡加糖精制成，以大连为制造基地，初时销行东北，后流入上海。一说自香港进口，成分是"面粉加海洛英（因）加吗啡"。

见此新闻不禁让人怀疑，曾经生意兴隆的大富贵菜馆经理的故世，是否与其不肖子的吸毒恶行有关联？

1937年8月13日，第二次淞沪会战爆发。11月10日，《新闻报》报道《沪西南市大火》，起火原因说是汉奸放火。大火整整延烧了22天，整个南市大部被毁。12月6日《申报》刊《南市建筑物焚毁详情续志》，老西门的丹凤楼菜馆被大火波及；"肇嘉路一带之火线，能直贯二三里路，横贯马路五六条"，"向东则彩衣街大富贵菜馆……一带房屋，亦十去其六"。

1940年，市面稍定。10月5日，丹凤楼在原址重建开业，取更有人气的"大富贵酒馆"之名，以"堂皇礼厅、华贵筵席、应时和菜、经济小吃"十六字，迎接新食客。幸运的是，这家新"大富贵"日后生意兴隆，盛名不衰。也许一切皆非易易，冥冥之中由它接续了老"大富贵"的福运吧，尽管其风格与菜品已与那家老店大相径庭了。

南市
中华路
老西门

大富贵酒馆

国历十月
五日开幕

堂皇礼厅
华贵筵席
应时和菜
经济小吃
如蒙赐顾
竭诚欢迎

大富贵酒馆开业广告

逝去的总是值得留恋。

令人恋恋不舍的，除却烟火气，更有人情味。

萝春阁、大壶春的老板唐妙泉

海上女作家孔明珠近年来专事美食写作，她在2018年出版的《咬得菜根香》一书中，提及四川北路横浜桥桥堍上一家名叫"萝春阁"的点心店，书中写道：

我娘家四川北路买东西很方便，虬江路65路车站附近有很多点心摊，早晨特别热闹；横浜桥东宝兴路那一带点心店高端一些，日夜营业，好吃的更多。印象最深的是四川北路横浜桥桥堍上的一家点心店，名字叫"萝春阁"。

小时候不知道这么一家破破的小店在老上海竟然是名店。原来旧上海商界大亨黄楚九在四马路附近开了一家茶馆叫"萝春阁茶楼"，起初是不卖点心的。大亨吃过几次附近一个做生煎馒头的摊头，吃客盈摊，生煎做得皮薄肉汁多，底板焦黄带着脆感非常好吃。不料那个敬业的点心师傅因不肯偷工减料被老板炒了鱿鱼，黄楚九慧眼识人才将他引进茶楼，生煎馒头就变成了萝春阁的副业，馒头与店名融为一体，名扬上海滩。

另一位女作家董鸣亭对这家点心店也留有深刻印象，她在《上海十八样》书里述及：

我小时候家里靠近四川北路，去永安电影院看电影的路上，父亲经常带我去一家叫萝春阁的生煎馒头店。萝春阁门面不大，什么也不卖就卖生煎馒头，再带些咖喱牛肉汤。店面位于横浜桥边上，坐在店里靠窗的位置，就能看见横浜河缓缓地从窗前流过，偶尔有艘小船从河上划过。那时候的四川路很宁静，行人也少，只有等电影院散场时，马路上才会看到一群群的人，但又很快消失在各条小马路上了。事隔三十年了，四川北路还在，也算是上海的主要商业街了，最可惜的是萝春阁消失了，这个有着非常好听名字的生煎馒头店，有着非常好的地理位置的店没有了。只是那座桥还在，桥边成了一个小花园，花园丛中开了几家服装店，但很多老居民说起萝春阁更多的是美好的回忆，可以说凡是住在四川北路上的居民都吃过萝春阁的生煎馒头，不管是穷人还是富人，都吃过。

甚至复旦大学老教授贾植芳在日记里也写道：

1987年11月8日　午饭后，和敏与小行坐车到四川路购物，看街景——好久没上过市区的马路了。在横浜桥一家点心店吃了碗牛肉汤和生煎馒头，近五时仍坐街车回来。

按，萝春阁是一家专门做生煎馒头的点心店，除了牛肉汤之外并不提供别的吃食，那么贾教授和夫人任敏很可能就在同一爿萝春阁店里吃的生煎馒头。

说起萝春阁，就必须提到大壶春，因为两者在老上海的吃客心目中几乎等量齐观，沈嘉禄《上海老味道》一书中也将它俩相提并论：

旧上海，做生煎馒头最出色的是"萝春阁"和"大壶春"。"萝春阁"原是黄楚九开的一家茶楼，上世纪20年代，茶楼一般不经营茶点，茶客想吃点心，差堂倌到外面去买。黄楚九每天一早到茶楼视事，必经四马路，那里有一个生意不错的弄堂小吃摊，专做生煎馒头。他也放下身段尝过几回，馅足汁满，底板焦黄，味道相当不错。有一天他经过那里，却发现生煎馒头摊打烊了，老吃客很有意见，久聚不散，议论纷纷。那个做馒头的师傅抱怨店主只晓得赚钱，偷工减料，他不肯干缺德事，店主就炒了他的鱿鱼。黄楚九一听，立刻将这位爱岗敬业的师傅请到"萝春阁"去做生煎。从此"萝春阁"的生煎馒头出名了，茶客蜂拥而至。后来黄楚九谢世，"萝春阁"易主，但生煎馒头这个特色被保留下来，再后来干脆成了一家专做生煎的点心店了。

开在四川路上的"大壶春"也是旧上海一家相当有名的生煎馒头店。1949年挤兑黄金风潮时，与中央银行一街之隔的"大壶春"生意奇好，因为轧金子需要打"持久战"和"消耗战"，饿着肚子就轧不动，就近吃点生煎算了。店里的小伙计头子活络，眼看混乱的局面里有发财机会，也溜出去做成几笔黄金生意，居然小小地发了一笔。这是曾在大壶春里吃过萝卜干饭的一位师傅告诉我的。

由此看来，孔明珠写的黄楚九与那位敬业的生煎师傅的故事，大约来自沈作家笔下。但我想说，这个故事与实际情况并不相符。此处先按下不表。

关于大壶春，查《上海市黄浦区商业志》，书中留有如下记录：

大壶春点心店 原名大壶春馒头店，开设在四川中路243号。

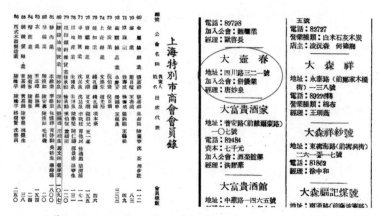

左图：上海特别市商会会员录，《上海总商会组织史资料汇编》1942年版
右图：大壶春信息，《上海工商名录》1945年版，上海申报社编印

1956年公私合营后改为大壶春点心店。该店创建于1932年，老板唐妙泉。当时只有7个多平方米面积，里面是堆堆面粉，卖卖筹码，炉子放在门外面，职工只有7—8人。……该店专营生煎馒头、蟹壳黄、牛肉汤。上海解放前就已出名，附近钱庄、洋行职员，就近居民就成为大壶春的常客。上海解放后该店更加重视质量，投料正确，选料精细。……

　　这里给出了老板的姓名。其实，唐妙泉也是萝春阁与大壶春两家馒头店共同的老板。在当年他还蛮有名的，曾长年担任上海饼馒油烩号业同业公会理事长，人称"馒头大王"。

　　这位老板的生平事迹，可翻阅1946年10月25日《益世报》上

四川路、汉口路西南转角处的大壶春馒头店（摄于20世纪40年代）

海版，获见《执全沪饼馒业牛耳·唐妙泉老板成功史》一文，作者
是《益世报》记者吴贵芳。

　　这带有人物专访性质的新闻特写，小标题为"新畸人传"，表
面上看略含贬义，细读内文实奖掖有加。该报道1700余字，文笔生
动活泼，读斯文可想见其人。录文如下，可使广大读者对唐老板有
一个全面而准确的认识：

　　老板行年五十有四，连香烟也不抽一支。倘使你一定要敬烟给
他，他胖胖的身材，就往后一退，两足并齐，双拳合抱，从剃光的
头顶心起，就涨出为难的红色来。嘴里也喃喃地说着急于说不出来

的谦辞话。他经常穿着黑布短衫裤，圆口布鞋，那姿式，就活像打太极掌的"工架"。和人说话时，满口是"先生怎样，先生怎样"。和人同走，也必然走在最后面。倘若跟不上，就喘着气，吃紧地赶。"礼多人不怪"，他由衷尊重，敬佩一切比他有"学识"的人，绝不是一般老于世故者，那种"敬鬼神而远之"的虚伪态度。

倘要给老板作传，那么开头可以写："唐其姓，妙泉其名，浦东庆宁寺人也。"可惜老板只有谨愿的家风，并无煊赫的阀阅。老板大半生可数的"功业"，殊属寥寥，值得一提的，恐怕要算跻入向来为丹阳帮独占鳌首的大饼（蟹壳黄）馒头（生煎馒头）业，而组织个人托辣斯，为本帮放一异彩的吧。不过，所谓"托辣斯"的名称，在他并不恰当。老板做这行买卖，卅余年来，不垄断，不专利，不摆噱头，薄利多销。与人合伙，委人代理，肯吃亏，肯上当，他笃信"千算万算不及老天一算"的哲理，比起"其兴也暴，其亡也速"的美国式的大老板来，气魄固然不够，稳健却是有余。

老板的故乡，原也有三十几亩薄田。胼手胝足，一年收十余石白米，在那米贱伤农的时候，颇觉难以维持。前清光绪廿五年，他父亲在天津路五福弄天福茶楼底下，开了一爿饼馒店。老板那时年纪还小，在私塾里读了四五年不求甚解的书，到了十一岁，才把一颗朴玉浑金的心，放到买卖上去，和学生意的一样做着各样事情。廿一岁长大成人，老板在五马路石路口汪阿五开的同乐天茶园底下，另起炉灶，又开了一爿饼馒店。老板自己当炉，抱定两项宗旨，其一是"价廉物美"。物事卖出去，一定要赢得买客赞一声"好"。其二是"用人不疑，疑人不用"。他信赖一切和他合作的亲友和伙计。接着在麦家圈憩园茶楼和开封路品芳茶楼底下，又开了两爿饼馒店。因为物事的确好，吃茶的人，几乎有非此不欢之概。于是，在二马路开乐园的团老二，也特意召他前去，在茶楼内附股一爿饼馒店，用广招徕。老板有一种非常天真而自卑的心理，他的处世哲学，永远是"以退为进"。存心稍微忠厚一点的人，总不好意思欺诈他。就像民国十六年，他租借浙江路露（萝）春阁楼下，开设后来蜚声一时的饼馒店的时候，先是向该茶楼的经理陈某接洽，议定房租之外，先付小费三百元。这协议是秘密约定的，不料被该楼的副经理李某得知了这问事，暗恨陈某一人独吞，就向他们的东家黄楚九氏告发，并劝唆黄氏毁约，用以泄愤。黄楚九氏事先也颇知道老板的饼馒做得不错，乃把老板召去，问他议租房子的经过。老板平时是不会说话的，此刻更窘得不知怎么样答辩才好，他先把一切不合法的过错，都揽在自己身上，然后口齿呐呐地，背述一套富于人情味的苦经，加上他那浦东的乡音，和太极拳的"工架"，使人觉得他是一个比"此地无银三百两"更为忠厚老实的人物。结果，黄楚九氏非但答允租借，并令陈某把小费三百元退还给他，更优待他在开张期内三个月，不收房租。唯一的条件，就是当炉的伙计，规定穿露（萝）春阁白色的号衣，一律不许赤膊，以免有碍观瞻。

"一二八"淞沪之战前，老板独资开设的饼馒店，已经有三十几爿之多，占全市饼馒店五分之一强。他的副业，老虎灶也有十几爿。经两次抗战炮火的洗礼，他的饼馒店烧毁了将近半数。在中国，"吉诃德先生"的受嘲笑，还在其次。往往有许多装作和"吉诃德"相同模样的人物，走近来蒙混，欺骗，博取非分之利。这个好心的老实人，起初是委人代管末后在不计较的情形下，就盘出去的，也有好几爿店。还有"老弟兄"之辈来要求吃份头，拿干股的，同行中人有开店，或婚、丧、嫁、娶请他发起标一个会的，老板总是呐呐地说："闲话一句！"

如今老板独资开设的饼馒店，除了浙江路露（萝）春阁，新闸路西园，天津路天花茶社，和四川路大壶春外，合伙的还有天潼路东方茶楼，盆汤弄德安茶楼十几爿。记者昨午走过大壶春门首，看见正拥挤着三轮车，人力车夫，以及携榼提篮的娘姨大姐群，为了"果腹"或者"点心"，鹄候在那里。忙于操作的伙计们中间，那位老板，腰系围裙，卷起袖管，也在帮着捏面。瞥眼看见记者走过，连忙搓着两手，跑出来，一面喘着气，和记者打招呼："先生慢慢去，坐下来吃点点心。"

"谢谢侬，下趟再来吃。"记者不愿打断他的工作。

稍事总结，这位开设点心联营店的老板唐妙泉（一说唐妙权，似无依凭），上海浦东高庙人，先是跟着父亲来市区读书，11 岁开始在店里学生意，21 岁时独立开设第一家点心店。其成功的法宝共两项，一为物美价廉，即以品质优良、薄利多销的方式吸引顾客。二为用人不疑，即对店里的伙计以诚相待，建立融洽的雇佣关系。

显然，萝春阁的成功秘诀，除了老板兢兢业业之外，出产的生煎馒头想必深受人们欢迎。1946 年 11 月 2 日、9 日出刊的《上海特写》第 22、第 23 期中，刊有《萝春阁闻名上海滩》一文，作者的如下文字，很能说明问题："萝春阁的生煎馒头，遐迩闻名，远至数里之外的主顾，会饬人骑着自由车或驾了汽车来照顾它的买卖，这此一点，可见得名不虚传了，该店号称馒头大王的唐妙泉独资开设的，他的馒头能称王于上海就是肉馅大，皮子薄，兼有汁卤，头上也加上芝麻和葱都是很可口，吃了还想吃，会使你久吃不厌。""至于生煎馒头能成大王的唐妙泉，坐镇萝春阁三四十年来，已传遍了整个海上，也就是他的出品，上海人所谓货真道地，不像其他摊铺上的偷工减料，吃上嘴，皮子厚的像实心馒头，肉馅小的像一颗黄豆，干燥乏味，吃下就倒胃口，比较萝春阁有天壤之别呢。"

值得澄清的是，萝春阁茶楼由黄楚九创办于1920年，店址在浙江路宁波路口，与四马路（福州路）的直线距离最短约为五百米，步行近十分钟，并不算很近。而在它边上开点心店的时点，亦非后人所记的20世纪20年代初①，而是1927年。此外，横浜桥下流淌的应是芦泾浦，非横浜河。再将沈、孔两位所述传闻故事与当年的新闻报道作一比较，便真假立判，什么爱岗敬业的伙计啊，偷工减料的老板云云，完全不存在的。真实存留于世的，唯有那忠厚老实、勤勉木讷的唐老板，以及他一手缔造的以肉馅大、汁水充盈著称的生煎馒头事业。

至于四川北路上的那家萝春阁，究竟是怎么一回事呢？笔者从1949年12月2日《解放日报》广告栏查到一则推、受盘启事，或许有助于理解：

萝春阁森德记黄妙发孙文德推受盘声明启事：

缘四川北路一七四四号萝春阁森记黄妙发君，因无意营业，已推盘与萝春阁德记孙文德君，以前萝春阁森记之人欠、欠人、税捐等，统由黄妙发君负责理清，与孙文德君无涉；自后萝春阁德记之

---

① 周三金《旧上海饮食业的风俗》，刊《中国民间文化4：都市风俗学发凡》，学林出版社1992年版。

营业盈亏，概由孙文德君自理，与黄妙发君无涉，特此声明。

利用百度地图，搜到四川北路1744号，正位于横浜桥桥堍，现为一家充电站。1949年12月初，其经营权发生了让渡，而从森记、德记这种称谓上分析，八成就是萝春阁当年的两家分店吧。

百年前的文艺家聚餐活动，
以食会友，以文留念。
欢声笑语，温暖几许时光。

狼虎会
——海派文艺家的聚餐会

　　20世纪二三十年代，诚可谓是一个群星璀璨、英才辈出的好时代。尤其江南一带，志趣相投的旧派文士间物以类聚，成立过名目繁多的各种社团，早期的如南社，会员众多，聚会频繁，为近代文学史留下光辉的一笔。星社起初是苏州文人们的松散组织，日后其成员还扩展至上海。又有天马会，是沪上几位志同道合的年轻画家们的社团……此外，还有纯粹以吃饭聊天为目的而结成的社团，著名的如狼虎会，其成员主要是鸳鸯蝴蝶派、礼拜六派文士，亦涵盖海上文艺界的朋友们每周组织一次，通常在周六晚举办。为何选在周六呢？原来其发祥与《礼拜六》周刊大有关系，据早期的参与者之一陈定山回忆，该会的成立时间甚至可以上溯至他16岁时到上海来，为王钝根供稿的那几年。

下文结合当事者的多篇专栏随笔及回忆文章，互相参照，希望部分还原当年的历史原貌。

最早在报间提及狼虎会三字的，为1920年9月12日作家周瘦鹃在《申报·自由谈》上的专栏随笔"兰簃杂识"，他写道："比与天虚我生、钝根、独鹤、常觉、小蝶、丁悚、小巢诸子，组一聚餐会，锡以嘉名曰狼虎，盖谓与会者须狼吞虎咽不以撝谦相尚，而八人之中以体态作比，适得狼四而虎亦四也。……斯会一星期一举行，食必盈腹，笑辄进泪，鞅掌六日，得一日欢，无异进一服大补剂也。晚近加入者有江小鹣、杨清磐两画师，擅丝竹，善歌唱，亦吾党俊人。"随笔开篇的"比"字，意即最近，由此可知狼虎会的正式命名，应在这篇文章发表前不久，大约就在1920年9月初吧。而后人标注为1921年10月①，是受后出文献的误导，因为这篇与随后的一篇"兰簃杂识"被合二为一，纳入1922年周氏《紫罗兰外集》的下册，标题为《记狼虎会》，收集的时候，内文略作改动，如将本文篇首"比"字改为"去岁"。

为何要取"狼虎会"这个名字呢？一来聚餐之时狼吞虎咽，毫

---

① 范伯群、周全《周瘦鹃年谱》，《新文学史料》2011年第1期。

不谦虚；二来八人之中，体态各异，肥瘦不一，则瘦者为狼，肥者
为虎。这是周氏给出的定义。不妨来看看丁悚怎么说，他并提及该
会最初的起源：

　　在我们编辑《礼拜六》的时候，常觉、瘦鹃、小蝶和我四个
人，每星期至少要看一次电影。看电影连带的必须要装饱了肚子去
的，在这个时候，武昌路的倚虹楼（后来迁在福州路的）就是我们
每次果腹之所了。或者也许到别家去吃，那么临时再更变。不过席
间的笑话，终层出不穷，尤以常觉最为利（厉）害。有时兴之所
至，虽狂风大雨，也不顾要去的。记得一天适下大雨，我帽沿上的
水，竟像瀑布直泻似的泻下来，也毫不畏缩。这时我们四人兴致之
高，可以算得极点了。后来便让钝根知道了我们有这么一件趣事，
说不准你们四人独乐其乐，我们来作一个大规模的叙餐会来众乐一
乐吧。于是经过一度的讨论，就此三读的通过，规定每礼拜六的晚
间举行，如在日间或非礼拜六之夕叙餐就作违法论。从此每周此夕
是我们最快乐的日子。席间诙谐百出，逸趣横生，甚至老小两蝶也
大开其玩笑，可以算脱尽种种的拘束了。不过当时还没有一定的会
名，一夕在陶乐春举行，独鹤和瘦鹃抢食菜肴，我就说这样的狼吞
虎咽，岂不恶形也哉？大家就说我们何不把这狼虎两字来名我会，

当时一致赞成了，狼虎会的始创起首老店也。①

　　这里以半认真半开玩笑的口吻确定了狼虎会的举行时间为礼拜六晚间，实际上当然并不那么严格的。而狼虎之名的由来，似乎可以坐实为周瘦鹃、严独鹤在陶乐春川菜馆的抢食行径。两位分别为沪上两大发行量最大、影响力亦最巨的《申》《新》两报的副刊主编，在海上文坛素有"一鹃一鹤"的名衔，体型上又恰好一瘦一肥，正与狼虎的名号相映成趣。

　　另一位早期参与者陈小蝶，对此也回忆过多次。最早也是在1928年：

　　提起"狼虎会"这三个字来，在上海吃坛上（诗坛文坛捱不着，只好说是吃坛）也算薄有微名。但在筚路褴褛艰难草创之际，却只有四个人，这四个人是谁呢，喏，除了在下便是瘦鹃、常觉、丁悚（应当叫慕琴，但是我从小叫顺口了，无从更正，老友莫怪）。我们每逢礼拜六，风雨无阻，必定去看影戏，看到影戏，又决非连续着两三家看去，不会过瘾。那时的幻仙，已似昙花一现，幻化而灭，所以我们要看影戏，必到虹口，去时又常常联臂步行，边说边

---

① 《狼虎会始创起首老店》，《礼拜六》1928年8月25日。

笑，很觉的有趣。第一班影戏是在三点钟开始的，要是吃了午饭去，必得脱班，所以我们的礼拜六午餐总是在北四川路倚虹楼吃的，那时倚虹楼大菜，只有五角小洋一客，要吃七样菜，真是价廉物美，吃了看影戏，时间正绰乎有余，等到看完影戏出来，再吃夜饭，再是倚虹楼呢，觉得有些腻了，常觉便发起到四马路民乐园，二元四角和菜要吃十一样半，怎么叫半呢？原来吃到末了一碗汤，已是涓滴无余，再叫堂倌加上一些，原汤吃饭，这是不算钱的，所以叫半。我们四人都有胃病，吃起来却当仁不让，非至风卷残云，碗碗见底不可。丁悚叹道，"咳，这真是狼吞虎咽，形状难堪"，于是便成了一个名目，叫做狼虎会。这是狼虎会因《礼拜六》而发生的一段小小发祥史。后来会员渐多，笑话也百出，这里为篇幅所限，将来只好委托狼虎会书记，另做一部狼虎会大辞典，但有一件事却值得纪念的。例如倚虹楼、陶乐春、都益处、同兴楼等等，在狼虎会光降的时候，却是规模很小，只容得十余个座儿，狼虎会去寻着他，也和沙漠里拣金一样费着十二分的心血，现在却和影戏界哀（启）明星一般，晶晶的亮了，诸如光顾时，口尝美味，耳听歌声，和着坐柜台的老板嘻开大口，眼看客人滚进滚出，却都不要忘了，这探险的哥仑布是狼虎会呵。①

---

① 《礼拜六与狼虎会》，《礼拜六》1928年8月25日。

　　按，四马路民乐园位于福州路与山西路交汇处，为徽菜馆。参照严独鹤在《沪上酒食肆之比较》一文中的意见，"沪上徽馆最多，皆以面点为主，而兼售酒菜。就目前各家比较之，以四马路之民乐园及昼锦里之同庆园为稍胜"。文中的"和菜"，起初是在叉麻将（碰和）时吃的，一般四盆六碗，可供多人食用。后来普及开来，类似于今天概念里的多人商务套餐。此外，文中所提狼虎会书记，便是周瘦鹃，留待后文详述。

　　当小蝶再次回忆，已在1941年：

　　我十七岁到上海，第一晤面的，就是常觉、慕琴和瘦鹃，我们都靠着笔拿稿费，常觉已是三十岁的人了，我们三个不怕臊，确都是年少翩翩，可以称得璧人；在见面时，都暗地里自己惊了一下，不料世界上还有这样的一个美少年！

　　不过我们三人个性却不同，慕琴是个乐天者，瘦鹃是个忧郁者，我是个"无所为"。直到如今，老了！但我们三个脾气还是如此。

　　那时节我们都是影迷，最初看电影是泥城桥"幻仙"，后来高升到虹口的"新爱伦"。常觉和我们三人轮流做东，风雨无阻。这时在电影里发现一个小丑，大皮鞋，小胡子，我们觉得他的戏不是笑料，而是眼泪，就大家公认他是电影里惟一哲学家，将来必定红，那就是卓别麟。

因为坐黄包车看影戏，时间真不经济，往往不及回家吃饭；吃了饭出来，又看不到影戏；就发起每逢礼拜六，先在一家小馆子吃饭，吃了再去看，这就是狼虎会；而发祥地则是四马路民乐园。

因为狼虎会的发起，独鹤、小鹣、倚虹、清磬，还有我的父亲天虚我生都加入了。会里笑料百出，几乎可以造成十部辞典，这狼虎会到现在影子还是存留着，而会员的死亡率就超过了四分之一。[①]

这次因年代隔得久了，数字上略有参差，文章的重点似乎落在哀叹会员的早逝上，后文陆续写了毕倚虹、江小鹣和其父陈蝶仙的死，笔下充斥着一股感伤情绪。

1948年底陈小蝶离开大陆，赴宝岛台湾定居，若干年后他出版《春申旧闻》，书中收有《当年曾唱"雪儿"歌》一文，第三度回忆起狼虎会，给出了该会的存续时段为1917年至1937年，并对当年用餐的小饭馆留下更为浓重的几笔，甚至还列有菜单：

其时我们有个狼虎会：是我和李常觉、周瘦鹃、丁悚四人所发起的聚餐会，后来，独鹤、钝根、毕倚虹、任矜苹、周剑云、江小

---

① 陈蟪野《狼虎会的回忆》，《万象》第1卷第3期。

鹅、杨清磬也加入了，成了新闻、出版、著作、电影、文人集中的聚餐会。这些人，年龄多在三十四十之间，吃起来狼吞虎咽，所以题了个名字叫狼虎会。从民国六年到廿六年止，一直持久不散，人数虽仅一桌却成了文艺界综合的权威。尤其是发掘小吃馆子，是本会的唯一工作。例如陶乐春发现时，仅为大舞台对面一开间的四川抄手馆子，靠扶梯三个卖桌，专卖榨菜炒肉丝、干烧鲫鱼和鸡豆花汤。雅叙园是湖北路转角靠电车轨道的一个楼下卖座，只卖油炮肚、炒里肌丝、合菜带帽带薄饼、小米稀饭。小有天是小花园里面的一家闽菜小吃，奶油鱼唇、葛粉包带杏仁汤是他的拿手。后来都在《申报·自由谈》和《新闻报·快活林》捧出来了；我们反而不去了，因为炉台一大，人多手杂，菜就改了原样原味。因此相戒，以后遇到好吃小馆子，千万保密。有许多小馆子后来发现，直到胜利复员他们还保持着一开间门面的如：石路吉升栈对面的烹对虾、酱炮羊味。六马路的鱼生粥，石路上的肉骨头稀饭、油条。德和馆的红烧头尾、盐件。泰晤士报三楼的蟹壳黄、生煎馒头。霞飞路菜根香的辣酱饭，浦东同乡会隔壁的臭豆腐干大王等等，直到我们三十七年来台，它还是保持着原状。

所谓"合菜带帽"，查周绍良《馔余杂记》，称立春那天，北京度"咬春"之时，一般家庭通常要擀一些小圆双合饼，将豆芽菜、白菜丝、肉丝、笋丝、粉条合起来炒，称"合菜"，另外加一个炒鸡蛋盖上，称"合菜带帽"。雅叙园是京菜馆，看来是有这么一道菜的。又，德和馆或为德兴馆，起初开在小东门近十六铺码头，后一度迁至北浙江路，是一家本帮菜馆，红烧头尾是其看家菜；盐件一般写成"盐件儿"，即杭州特产家乡盐肉。此外，两处"炮"字，一作"炰"，今写作"爆"，意为"物品在沸油锅内煎炒"。

既然提到了菜单，早年间也有一篇《狼虎会食单》（署名为狼虎书记），刊在周瘦鹃主编的《半月》杂志1921年创刊号，文不长，照录于下：

于休沐之日，每一小集，酌惟玄酒，朋皆素心。与斯集者，有钝根独鹤之冷隽，栩园常觉之诙谐，丁姚二子工于丹青，江杨两君乃善丝竹。往往一言脱吻，众座捧腹，一簋甫陈，众箸已举。坐无不笑之人，案少未完之馔。高吟羿羿，宗郎之神采珊然。击筑呜呜，酒兵之旌旗可想。诚开竹林之生面，亦兰亭之别裁也。匝月以还，佳肴叠出，爱举其名，列之如下：

菊花心　奶油银丝　红绒翅　金瓜鸽片　薯绒鸡　鸽子冠　西瓜莲花鸭

和合豆腐　双红鸡　松子鱼　咖啡冻　松坡牛肉　玉屑银

丝　金镶碧玉汤

　　编既成，以示会长大虎。大虎者，栩园先生也，见单，遽色
然曰："食单当附烹调之法，此粤菜馆菜品价目表也。安得名为食
单？"书记曰："吾但欲以嘉名炫人耳，烹调之法，将终秘之，虽
然，有食指动而必欲知之者，请往问一品香任矜苹先生。"

　　文中的丁、江、杨分别指丁悚、江小鹣和杨清磬，姚氏较为陌
生，偶翻旧报曾见到有署名"当时""时"的漫画作品，深入检索
后发现此人姓姚，为美专西洋画科毕业生，《美专风云录》（上海美
术专科学校档案史料丛编）记载，此人在1921—1925年历任该校初
师科洋画教授、高等师范科野外（水彩）教授等职。可见他与杨清
磬类似，也是丁悚的学生兼同事。周瘦鹃将丁姚并列，此姚或即姚
当时。

　　栩园先生（栩园，天虚我生陈蝶仙别署）所针对的，是缺少烹
饪法的菜单便相当于粤菜馆菜品价目表，实不足为训。而"狼虎书
记"的回答，正应了钱锺书那句名言"开得出菜单并不等于摆得
成酒席"，原来那菜单仅仅是众人推举出来的，如欲品尝，还得委
托一品香番菜馆的经理任矜苹具体安排。一品香番菜馆，指开在
一品香旅社里的中式西餐厅，用严独鹤的话来说："一品香之中国

菜，则实脱胎于番菜，而又博采众派之长者。故不能指定为何派，大可称为番菜式的中国菜。此种番菜式的中国菜，强半出自任矜苹君之特定。菜味有特佳者，亦有平常者，不敢谓式式俱佳。惟论其色采，则至为漂亮。菜之名称，亦甚新颖。有松坡牛肉者，为猪肚中实牛肉，几于每餐必具。云为蔡松坡之吃法，故有是名。"又及，任矜苹为甬人，1922年3月明星影片公司成立，任矜苹为股东之一，后深度参与其中，集电影事业家、电影导演、报刊编辑等多重身份于一身，堪称文艺界"多面手"。

从文体分析，短文前半篇为典丽的骈文，若进一步深究，其撰作者或为陈蝶仙，理由是它亦见诸1920年9月19日周瘦鹃在《申报·自由谈》的"兰簃杂识"专栏（后收入《紫罗兰外集·下·记狼虎会》），述"上星期日"（9月12日）的一次狼虎会聚餐，在周瘦鹃家中举办，来者共十位，"饮宴尽欢，酒酣耳热"之际，天虚我生即席赋诗七首，寄给余杭周拜花，诗均为七言绝句，那段骈文为诗前小序。有趣的是，两相比较，文本略有差异，周氏《兰簃杂识》在"钝根独鹤之冷隽"之后，紧接着为"常觉瘦鹃之诙谐"，而在"狼虎书记"笔下，却以栩园替换掉了瘦鹃，乃是将陈蝶仙对周瘦鹃的揄扬之词璧还，纯属自谦吧。（《紫罗兰外集》中仍为"常觉瘦鹃之诙谐"）而陈蝶仙的七首绝句中，则留有对周瘦鹃席间言谈诙谐的描写，为第二首："笑向春风拜绮筵，翩翩白裕胜从前。

阿咸语比乃公隽，输与词曹十五年。"诗后注云："瘦鹃平日恂恂，而一至即席，则诙谐绝倒。"这里陈蝶仙活用了竹林七贤之一的阮籍与其侄子阮咸（阿咸）的典故，表达多日不见，孰料周瘦鹃席间的玩笑话讲得既诙谐又有才。（"输与词曹十五年"，陈比周年长十五岁）

再次借用钱锺书所言："吃饭有时很像结婚，名义上最主要的东西，其实往往是附属品。"吃饭聊天，其重点无非是交流情感。以下举几个例子，且看狼虎会是如何聚谈笑乐的：

1920年9月12日那天，周瘦鹃家中聚集了十位朋友。"酒酣耳热时，江小鹣高歌上天台，铿锵动听，杨清磬与陈小蝶合演南词《断桥》，既毕，杨复戏效蒋五娘殉情十叹，自拉弦索，小蝶吹笙，予击脚炉盖和之，一座哗笑。"按蒋五娘殉情十叹，指当年的一出新编实事话剧《蒋红英老五殉情记》，由和平社的郑正秋编剧并主演。文娱节目之外，便是陈蝶仙赋诗，其中有一首与抢食有关："隔座眈眈大有人，冰盘银碗荐新苹。明知不是先生馔，分与杯羹赠茂秦。"注曰："座皆饕餮，悉有狼虎之号，予箸短乃往往不能得食。"周瘦鹃则反驳说："箸固一律，身手或有不同，非短于箸，恐短于视耳。然每陈一篑，亦恒能夹取一二块以去，且同人皆不善酒，先生独豪饮，则菜肴上虽小受损失，此固大占便宜矣。"意为筷子是同样长短的，之所以动作慢，大概是因为眼神不好吧。但又从喝酒上得到了补偿，并不亏的。

1920年9月25日为农历八月十四，是丁悚30岁生日。据28日《时报》副刊"小时报附录余兴"的报道《狼虎会出现，大吃主义》："画家丁慕琴前日三十初度，友朋宴之于其家，有濡笔以画者，有曼声而歌者。弦管嗷嘈，倍增雅兴。其最堪发噱者，莫如座中自称之狼虎会会员，其开宗明义第一章，为大嚼大喝，故所至杯盘一空，然而非一般俭腹者所能任也。"到底是文艺名流的活动，聚餐也少不了绘画、唱歌助兴。1921年秋季某日狼虎会集体游苏，规模宏大，出席者有：陈蝶仙及小蝶、次蝶，李常觉和涂筱巢及其女儿，周瘦鹃，丁慕琴，吴树人（律师），严独鹤，王钝根等十三四人，一群人浩浩荡荡从上海车站出发，搭乘沪宁线赴苏，第一站为盛氏留园，园丁款以茶，众人笑着对接待人汪珠说，清茶怎么能填饱肚子呢？遂外出买蟹、雇画舫，说要去天平山，此时赵君（或即赵苕狂）赶到。船开行不久，因风太烈，船娘难以驾驭，李常觉提出不如返回虎丘，"皆大悦"。于是，"循山塘而溯"，抵达虎丘，系舟李公祠，园内景色幽绝，有池有石，可以入画。丁悚端详美景，有了感觉，遂打开照相机为涂筱巢、李常觉的女公子拍照。膳食准备好了，狼虎会开幕，先上两盘枣糕，很快被一抢而空。既而蟹摆上来了，周瘦鹃提议，每人二只，不要争抢。但因为蟹有大小，又忙乱了半天。饭后继续登舟，抵达阊门，作别船娘。入城，

狼虎会游苏之影（丁悚摄），《半月》杂志第1卷第8期，1921年12月29日出版。照片中人物从右至左依次为：李常觉、吴树人、陈次蝶、陈小蝶、涂筱巢、天虚我生、周瘦鹃

在刘氏遂园休息，见"绿菊几畦，红栏三折"。然后去到汪珠的家园，当时恰有暮鸦噪林，引起周瘦鹃的厌恶，老蝶笑着说，就像是鹃啼。汪珠捧出饼饵招待，食不过半，大家都跑去逛玄妙观。电灯已亮起来，赵君却不见了。转瞬间，众人已在采芝斋前逗留，纷纷瞪大眼睛选购苏式点心，终满载而归。晚餐设在新太和菜馆，食罢搭乘沪宁车安然回返。①

----

① 《狼虎会艳话》，《半月》1921年第1卷第8期。

　　1924年农历五月初八，是周瘦鹃三十岁生日，但他未将此事公开，朋友们都蒙在鼓里。之后不久，被狼虎会一位成员打听到了，"登时开紧急狼虎会议，一致表决下来，定要向他补祝"。遂定于六月初八，全体狼虎一齐到他家拜寿，特延请王美玉的苏滩以志庆祝。周以寿星资格，点"扦脚做亲"一折，令座客轩渠。①

　　1926年1月的某个星期六晚上，李常觉做东，大伙在消闲别墅聚餐。"会员共到十人，牙如剪刀筷如雨，彼此各不相让。吃到九点半钟，早见那杯儿碟儿碗儿锅儿，变做了四大皆空，一尘不染。席间的谈话，庄谐杂陈，记不胜记。听（周）剑云讲起王病侠自杀薤露园中（万国公墓）的事，最引起同人的注意，此事报纸中还没有宣布，可算得簇崭全新的新闻了。"②消闲别墅是当时川菜馆中最好的一家，严独鹤赞其"所做菜皆别出心裁，味亦甚美，奶油冬瓜一味，尤脍炙人口"。

　　再录两段周瘦鹃1926年9月25日刊于《上海画报》第155期的文章《记中秋日之狼虎会》。那次选在21日中秋日午间举办，出席者有天虚我生父子、江小鹣、周剑云、李常觉、涂筱巢、丁慕琴、任矜苹八人，过程并不顺利，苦中作乐，从中可见周瘦鹃的急智，

---

① 舒舍予《狼虎会寿鹃》，《风人》1924年7月9日。
② 《礼拜六的晚上》，《上海画报》第78期。

倒也逸趣横生：

菜由中南大礼堂承办，是在两天以前预定的。谁知等到了十二点钟，还不见来，我有些着急，即忙派下人前去一问。据说是忘怀了，且耐心儿等一会，等他们预备起来。这时狼虎已到了几头，我只索装做好整以暇的态度，学着诸葛武侯老先生设起空城计来。先将广东月饼和苏州月饼，供他们大嚼，捱到了一点钟，狼虎差不多已到齐了，而菜仍不来。我正好似那武昌城里的刘玉春，死守待援，心中焦急得了不得。多谢李常觉给我想了个缓兵之计，说慕琴害心跳病，我们倒要听听他的心，毕竟跳得怎样。于是他先自去听琴心，把个头凑了上去，众狼虎也一一去听，只听得琴心跳得很响，直好像小鹿儿在内乱撞一般。我为了挨延时间之故，又将众狼虎的心逐一听去，有的匀净，有的沉着，有的比较的急一些。敝心经多数人评判，归入匀净一类，我真不愧为城头上弹琴的诸葛武侯了。然而小蝶吃了月饼不算，还是发急，大有嗷嗷待哺之势。我即忙再派下人去催，一面又回来搭讪着开谈话会，讨论刘玉春守城问题。有的赞美他，有的反对他，天虚我生他老人家却主张两军交战，随时随地要备着白旗，见自己有些吃不了，便早早树起白旗来，知难而退，那么他们尽管打来打去，百姓不致吃大苦。语气虽然滑稽，却也是蔼然仁者之言。

好了好了，菜来了，看看时钟，早已过了二点。一群饿虎饿狼，险些儿要吃人了。乱哄哄的坐下来，随意大嚼，吃完了四个冷碟子，忽报又有客到，却见是任矜苹，还加上一位临时响导许窥豹。矜苹只是摇头，说他在蓬莱路兜了四个圈子，总也找不到，后来遇见了老许，帮同他找，又兜了一个圈子，仍是没有找到。亏得老许有计较，想起了王汝嘉，即忙赶到王家去，方始由他们派一个女下人陪同前来。吃一顿饭而费这许多周折，也足见天下吃饭之难了。我道："你曾经来过，怎么又找不到，难道我的府上竟好似陶渊明所记的桃花源，所以再来时就认不得路径么？"大家谑浪笑傲，直到三点半钟，方始散席。

为此次聚会烹制菜肴的"中南大礼堂"，指1926年2月1日开业、设在沪城大南门内大街俞家弄23号的中南大礼厅，该馆"厅堂非常宽敞，并设特别雅座，特聘名厨专司烹饪中西筵席，以及一切盆菜，应时细点，无不调味适口"。①

关于狼虎会的结束时间，掌故家郑逸梅在《狼虎会旧话》②中

---

① 《中南礼厅设备精良》，《时事新报》1926年2月22日。
② 郑逸梅《狼虎会旧话》，《上海报》1937年6月21日。

提供了另一个版本。文末称："厥后瘦鹃病胃，独鹤病肠，狼虎会亦即无形辍止矣。"严独鹤患肠炎，约在1933年，因为他1934年撰长文《哭三弟畹滋》里曾提及"去年治愈我的肠病的李杰医师"。故录此以作参照。

从千古兰亭到不朽竹林，
从西园雅集到玉山之会，
文人之宴总脱不开一个"雅"字。
丁悚的家宴上名流如云，
于一次次宴乐中尽显海派雅韵。

漫谈沪上老画师丁悚的家宴

2009年5月26日，一代漫画大师丁聪以93岁高龄与世长辞，令亲友不胜悲痛。悲痛之余，大家纷纷撰文回顾与之的交往史，尤以散文家黄裳先生的《忆丁聪》为其中的名篇佳构，因其文笔隽永，感情丰沛，使人一读再读，回味悠长。

黄裳在文中谈及多年前他在一次宴席上清唱一段京剧，即由小丁伴奏。"那是一九七九年罢，四凶倒台，全民陷入大欢乐中，著名女老生演员张文涓于私宅举行了一次聚会，整个上海文化界的朋友，差不多都出席了。来客中有（唐）大郎、（龚）之方、徐铸成、王元化……可见涉及范围之广。文涓是女老生中的佼佼者，是余派，在已得盛名之后，还努力学习、进修，亲自北上找张伯驹问业，精进不止。唐、龚都是她的老观众与支持者，元化也是。我和内人这次似乎是第一次与小丁见面。酒酣耳热之余，我继诸公之后，也放胆清唱了一段《盗御马》，'将酒宴摆置在分金庭上……'我唱的是侯（喜瑞）派老词，为我伴奏的就是小丁。他的胡琴拉得熟练而好，可惜我酒后失腔走调，未终曲而罢。"

这次聚宴同样见诸唐大郎笔下，篇名《吊嗓》，原刊于1979年5月31日香港《大公报》"闲居集"专栏，后经黄裳协助，收入1983年香港版《闲居集》。开篇照例先是一首七律："廿多年不吊喉咙，一试居然未'塌中'。风范偕称麒弟子，声名可冒老伶工。'山高路远'先《追信》，'雨顺风调'接《打嵩》。恍似丁家盛会夜，琴师今亦已成翁。"诗注中追忆20世纪30年代的往事：

画家丁聪，来上海公干。我和他已有三十年未曾见面。我最早上胡琴唱戏，替我操琴的就是这位小丁。那是在三十年代，小丁才二十不到的少年。每逢星期六晚上，丁聪的爸爸丁慕琴先生，总要招集一批文艺界、新闻界的朋友，在他家里欢度周末。吃吃老酒，唱唱京戏，好不热闹。

这一回和小丁久别重逢，谈起旧事，不胜怀念。有一天，就在朋友家里，来一次吊嗓之会。我们请小丁操琴，我唱了一段《追韩信》和一段《打严嵩》。接着黄裳先生吊了一段《盗御马》的"将酒宴摆至在分金厅上"……

这大概是新时期首次有人谈及民国时期的丁悚（字慕琴）家宴。有趣的是，唐大郎同样歌喉不济，幽默地说使在场朋友恶心。

近日，丁悚文孙丁夏将祖父1944年8月至1945年9月在报间发表的《四十年艺坛回忆录》整理出版，书中写过各式宴席，除了著名的狼虎会，也不止一次说及家宴，在此征引一二，足增谈资。如《有趣味的酒令》，起首写道："从前我们宴聚频繁，差不多每周至少有一次，在席间常常想出许多闹酒的笑话。"最好笑的是有一种酒令，不知其名，姑且称之为"冻结"游戏，由一名不善酒的人当公证人，监察众人的动作是否违规，令官发令后，"并不马上执行使命，饮后坐下，仍让合座的照常饮食谈笑，冷静的等待着，一遇阖席谈笑或饮食骤然停止，而有使人好笑的状态时，令官马上用手在桌上重重一击，此时顷刻间在席谈话的，将这句未完的话永远照旧地谈下去"。这时往往会出现荒诞且令人捧腹的一幕，丁悚写道："一次在舍间晚膳，正在行令后阖席都呈着'冰冻'状态，严华站得很高，从火锅里夹着了些菠菜和线粉，口中念着：'吃点儿菠菜，吃点儿菠菜'不止，我呢，正离席就痰盂，不住地吐着空痰，刚巧袁树德带了袁美云来舍，一踏进客堂，猝然间见了这个画面，真像'丈二和尚摸不着头脑'，对了我们尽是发怔，后来恢复了原状，说明原因，不禁相与大笑。"

又如《老宗初次失恋》，写一位"活跃于报影两界的双栖人物"宗维赓的狼狈事。此人体格健硕，生有自来卷的头发，高鼻，完全希腊型面庞，自打成为"蜗庐的座上客"，虽"也好饮，不过量不大宏，且常被人捉弄，有一次在我们家里喝得太多了，因此呕吐狼藉，甚至连蛔虫都一齐呕出来，龚天衣（龚之方）事后张一文于本报说老宗'吐得出奇制胜'，当夜就醉卧在舍下，遂成了一桩话柄"。

唐大郎约在1933年3月正式下海，成为职业报人，很快闯出了名堂，便有机会结识丁悚并参与丁府家宴。可惜当年的报纸如今颇有缺失，难以找到最初是怎样的情形。直至1957年8月12日，唐大郎在香港《大公报》"唱江南"专栏写《小红念旧》，诗注里谈及一则近事："昨天，老画家丁悚先生打电话给我，说小红（周璇的乳名）写给他一封信，信上说她有了空，要到他家拜望丁先生和丁师母，她还要丁师母留她吃饭。老丁高兴得不得了，对我说，她来的那天，你一定要来，我们要像二十年前一样，闹他一个通宵。"紧接着生动地回忆起"二十四年前，我认得周璇，地点便在丁府上。那时候小红还留着童式的头发，唱着'砰砰嘭嘭，砰砰嘭嘭，啊，谁在敲门？’和‘吹泡泡泡泡向天升……’的黎派歌曲哩”。看来初见周璇在其甫入报界前后。可叹事与愿违，周璇不久因病去世，廿多年前的盛况难再。1961年7月27日在同一份报上，唐大郎还在“交游集”专栏回忆与电影演员兼导演刘琼的交往史，称尚在与周璇认识之前："与刘琼交朋友，大概与老金、王人美同时。那时候的周末之夜，我们常在丁悚画师的府上，歌呼饮博，记得周璇她们，还是后来参加的。"

鉴于唐大郎惯写身边随笔，常将游宴票戏等娱乐生活形诸笔端，不妨从其报间文字由远及近（或说由粗至精）地观察一下丁府家宴是怎样的热闹场面。先以时间为序作一流水账，此之谓远观或概览：

1935年9月，"丁悚先生与金素娟夫人，一双好客，星六之夜，其家必宾客盈门，（胡）梯维兄曾言，丁家不像公馆，好比开的长房间，真是趣语。我几为丁门常客，而常有生客不能举名字者"。（《社会日报·闲言碎语》）按，长房间，犹言长租公寓，此三字甚妙。

11月，"一夜，在丁慕琴先生府上，与老金（金焰）、（黎）锦光雀战，（王）人美与白虹立于旁，白虹方与锦光订婚，是夕，锦光被酒，酩酊醉矣，博时，言语不绝如缕，人美谓喝酒的人，不知那儿来那些话，白虹亦频推锦光，语之曰：你少说几句好不好？

锦光撑其醉眼看白虹曰：小白儿你原谅我喝醉了酒啦。其情状乃似乞怜，时旁人皆吃吃笑不已"。(《世界晨报·漫谈散记随笔集》)

12月，"小丁生辰之日，客堂中有酒两桌，一桌皆为文艺中人，又一桌则俱为丁宅之亲戚与女友，乃有二人，一为赵碧女士之妹，侧视之，乃极像徐来，又一男子甚矮，闻其姓庄，与小丁中表行，则绝肖曹聚仁先生"。(《铁报·涓涓集》)

1936年5月，"不事低眉献'小''闲'，倘从微醉出欢颜。丁家父子投机甚，杯酒常连'五百搰'。生平不爱赌，然至丁家，薄醉之后，又五百搰麻将，而手气大好，明日之伙仓有着矣"。(《世界晨报·在野吟》)按，麻将一局为一搰。五百搰，用词夸张了些，或可理解为通宵麻将。

7月，"酒后，小丁为愚司胡索，唱《四进士》全出，之方在旁，谓有一句两句，神似信芳，唐瑜老弟，则走避楼上，掩其双耳"。(《世界晨报·某甲随笔》)按，丁聪生于1916年冬，恰好20岁不到。

1937年4月，"饭于慕老府上，严华于酒后，兴致大好，与(薛)玲仙唱《桃花江》。周璇女士，至今已为银幕明星，似敝屣当年之歌曲矣。顾以为众所嬲，则亦来了一段，声细，乃不知其所歌是什么也。余请小丁操琴，唱《追韩信》，之方一旁为予记荒腔走板，统计则走五段半，而慕老则谓予戏已有进步，迥不若以前之

一塌糊涂矣"。(《铁报·已是狼年斋碎墨》)

5月，"近晤（郑）过宜于慕琴寓所，小丁为司弦索，过宜唱《洪羊洞》与《捉放》两段，听之醺醺有如中酒"。(《东方日报·逆耳集》)

1938年7月，"余以困懒，久不谒丁先生伉俪矣。今年一年中，但一往，丁师母不悦曰：何以大郎往昔之亲，而今日之疏耶？……于是约于十二日夜，共谒丁家，同行者有（陆）小洛、（龚）之方外，尚有（李）培林、安其二君，而（张）文娟父女，亦为予与小洛相约同往，丁先生知文娟来，则约苏少卿君，同参斯会，请文娟歌《庆顶珠》一段，少卿赞不绝口，而丁先生亦谓醺醺有神味，少卿约傅张二女士至，一歌生，一歌旦，皆就学于少卿者，因亦各歌一曲，少卿以别有他约，未饭而去，于是予等与丁先生伉俪纵酒矣"。(《东方日报·随笔》)丁夫人的眷念之情，亦见诸丁慕琴之口："某甲（唐大郎）至友也，三月不莅吾家，我则生气，及其一至，我乃有无量喜悦。群友皆集，不见某甲，我必改其愉快。"

8月，"星日，诸友集于丁先生府上，拉拉唱唱，今年来未遘之盛会也。诸君歌兴皆豪，过宜、季骦（司马骦）、（沈）伯乐、（杨）清磬尤健歌，亦饶神韵，若（姜）云霞与文娟，俱内行。各人歌两节，文娟为《卖马》与《捉放》，云霞为《宝莲灯》与《廉锦枫》"。(《社会日报·高唐散记》)这日的来宾，尚有严独鹤、李醉芳（李培林，导演桑弧）、王世昌、龚之方及周翼华等，可谓济济多士。

10月，"本月七日，为丁先生诞辰，是夜至友廿余人醵资治盛筵，为丁先生寿，而名歌史翁玉瑛女士，亦于是夜拜丁氏夫妇膝下，参加道贺者……有（余）空我、过宜、梯维、（王）雪尘、翼华、（邵）茜萍、伯乐、（李）在田、培林、（宋）玉狸诸君子，而寿翁丁先生，料能于酒酣耳热时，亦将吊一段谭派正宗。女宾之加入者，亦多今日驰誉歌坛之骄子，玉瑛歌青衣，有声白下，其姊氏鸿声，以唱须生蜚声京国，亦将于是日同临，更有云霞、文娟、（谢）韵秋、雪琴诸人，张连生、姜竹清二君，怀胡索绝技，当以琴弦委之二君。……人数三桌，摆满丁家之客厅与天井矣"。(《东方日报·随笔》)

1939年2月，"前夜，（金）素琴姊妹，及（黄）桂秋、翼华、（包）小蝶诸兄，饮于慕老府上，素琴与桂秋，以登台在即，皆忌饮，其举觥而酌者，慕老夫妇及素雯与小蝶耳。……是夕，慕老更与桂秋絮絮谈梨园掌故，比返，夜漏深矣"。(《东方日报·怀素楼缀语》)

8月，"前夕，丁先生府上，有友人醵资买盛肴二席，贺丁氏夫妇弄璋之喜者，女宾有文娟一人，予病酒，僵卧楼上，闻其唱《困曹府》，新硎初试，美不可言"。(出处同前)

1940年1月，"（张）正宇归来，遇之于慕老府上，豪迈之概，一如往日，来甚迟，与揆初偕，席上有严华、周璇夫妇、黄献斋、袁竹如夫妇，文娟亦来"。（《小说日报·云裳日记》）席中"揆初"似为江小鹣胞弟江揆楚。

5月，"晚慕老招饭于其寓邸，到者咸至友，严大生先生亦来，席上双携者，特予与红鲤。之方约合作一简寄张文娟"。（出处同前）按，严大生是一位牙医。

8月底，"慕老今年五十正寿，惟不敢如昔年之铺张，拟邀至友集宴其寓邸中，尽一夕之欢，因于今夜嘱赴其家，商量办法。……丁家席上，有徐雪行诸徒，弹词家如沈俭安、魏钰卿师弟亦同来"。（出处同前）后因宾客过多，寿宴改在沧洲饭店礼堂。

12月，"戈湘岚、胡也佛二先生举行画展于大新画厅。……六日，二君招宴于丁先生府上，座中着一鬈丝，则为英茵女士是。英茵新作《赛金花》，近方公映，灯唇酒尾，忽睹斯人，使座客弥为兴奋"。（《社会日报·高唐散记》）

1941年9月，"张文涓今年十九岁，其生日为本月二十七日，是夜大雨如注，友好为之公祝于丁先生府上，予与梯公、桑弧、瓢庵同往焉"。（《东方日报·狼虎集》）按，瓢庵是法租界巡捕房姚肇第律师的斋名。

1942年5月，"慕琴先生招宴之日，愚十二时进午餐，五时已赴约，入席时间，定六时，然宾客逾七时犹未至，逾八时尚未足半数，九时始入席，尚缺十分之一也"。(《东方日报·怀素楼缀语》)

1945年圣诞日，"丁一怡三十初度之夕，招亲友宴其寓中，孙钧卿与张文娟皆至，一怡故操弦索，丐二君歌，孙唱《洪羊洞》，张则歌《八义图》，神韵之美，无可与言"。(《七日谈》)按，丁一怡即丁聪的本名。

稍事小结：从时间上分析，1935年至1940年间尤为频密，进入抗战后几年，百物腾贵，米煤飞涨，民生愈发艰辛，丁宴亦随之淡出。宴席性质，则涵盖朋友聚会、生日宴、汤饼宴乃至艺人拜客宴，等等。再看来宾，竟横跨了文艺界（包括影剧、戏曲、绘画等）、新闻界、商界、医界乃至法律界，尽显主人丁悚在当时上海人脉之广、名望之高。

前文从历年来唐大郎参与丁宴的文字中略加钩稽，譬如一句话新闻，零敲碎打，读来隔靴搔痒，并不过瘾。但若遇上委实令人记忆深刻的盛大场面，唐大郎的描述相对完整，则历历如绘，值得细细品味。即以1938年圣诞节那晚的丁宴为例：

耶诞之夜，丁慕琴先生府上，集艺苑名流，复极裙屐翩迁之盛。丁夫人入厨，以烹调法手，来餍佳宾。坐两席，席上人遂纵酒。梯公《隽侣榜》之隽侣者，乃毕至，盖小蝶亦偕素琴来也，试

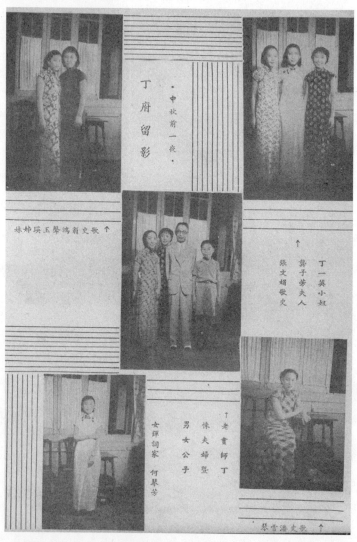

丁府留影，1938年11月《百美图》创刊号

举其名字，有李匀之、郑子褒、徐小麟、顾子言、朱凤蔚诸先生外，小蝶与培林。而文事中人，听潮、之方、小洛与愚。画家周錬霞女士、雪艳、（徐）楚珩与文娟、韵秋、云霞先后至，錬霞知愚之力扬素琴，又倾心于雪艳，因作绝句见示云："怀素而今不种蕉，纱窗懒听雨潇潇。却怜小妹蛾眉浅，虢国曾经素面朝。"錬霞曾观雪艳演虢国夫人，故末句乃云。才人绝调，自是无伦。又赠素琴两绝句云："流水高山海上琴，唐宫仙曲有知音。美人合住黄金屋，夜夜丝弦说素心。""待将世事问弦歌，玉笛瑶琴感慨多。灯下丰神无限好，布衣端合傲绫罗。"素琴感谢，谓光宠多矣。歌国女儿，胥以上戏先行，独雪艳留，雪艳又善饮，于是为众人所鬻，当筵斗酒。培林兴尤高，巨觥频尽。雪艳饮十杯，醉矣，醉则狂笑，笑至不可渐禁，于是倒卧沙发上，覆以衾，使其入梦。众宾皆叹曰："雪艳真今世佳人，亦如疏狂之名士，浊世不可求，求之于歌管之场，诚如庆云景星矣。"愚归最迟，雪艳尚未醒，宋诗"惯眠处士云庵里，暂醉佳人锦瑟旁"，惜錬霞已去，否则见此佳人暂醉之状，亦绝妙之诗画材也。①

---

① 《暂醉佳人锦瑟傍》，《社会日报》1938年12月28日。

文中女画家周錬霞的三首七绝，为北京刘聪著辑《无灯无月两心知：周錬霞其人与其诗》失收，而代之以一首词《倦寻芳·丁府席次为雪艳作》："重寒削铁，活火飞金，灯影如练。蓦地相逢，省识绛桃人面。宫锦新裁红一搦，明珠交映光千点。侧云鬟，看斜簪彩胜，凤鸾歌转。忆往日，歌台曾见，雪比聪明，玉逊温煖。直恁痴憨，难道有情无恋。软语吴侬娇欲滴，横波顾我羞成怨。笑周郎，未衔杯，醉魂先颤。"亦颇见当时胜景。

"小妹子"王雪艳的醉酒逸闻颇值一提，丁悚艺坛回忆录里专设一节《王雪艳的天真》道及："她从前也很能饮，在我家里曾屡屡醉倒，有数次几不能归，醉后更觉至情流露，胸无渣滓，无话不

王雪艳（？）、丁悚、张文娟和周錬霞合影（丁夏藏）

谈，真使人对她不敢存一些猥亵之念的。更妙的是她一醉之后，假使有她的戏份，不能登台，后台当然倩人庖代，但是她非要自己上台不可，有一次竟弄成僵局，同时台上忽发现了双演，急得后台管事发愕，马上把她搀扶进去，一时台下弄得莫名其妙。这个镜头，也够捧腹了。"寥寥数笔，已将小女子一派天真烂漫呈现于读者目前。

经营一家小点心铺子，

就像拥有了一方散发着甜香气味的乌托邦，

就连大明星也难逃诱惑。

可是若不懂得生意经，

单靠明星的光环又怎能撑住小店呢？

大明星的小生意
——胡梯维、金素雯夫妇开点心店

1944年10月的一天，红舞星管敏莉与电影导演屠光启等人坐在洛杰咖啡馆，有人突发奇想，欲集孤鹰剧团同人之力，开一家咖啡店。

先插一句，"孤鹰"谐音"过瘾"，该剧团是专业戏剧演员与票友的集合，成员大致有周信芳、高百岁、胡梯维金素雯夫妇，以及唐大郎、桑弧、龚之方，后来又加入了管敏莉、屠光启、欧阳莎菲等人。1939年岁末，周信芳、唐大郎等人一起排练，并于次年一月下旬将曹禺的经典名剧《雷雨》搬上话剧舞台，一炮而红，之后想再接再厉，1940年5月时考虑成立一个相对固定的组织，此后排过《寄生草》，用的胡梯维的剧本，唐大郎在剧中演过一个汽车夫。然而岁月倥偬，世事艰辛，筹备会开过几次，气氛热烈，有兴趣的人也一再想加入，这一提议最终未能成行。直至1944年7月，剧团才有复活的迹象。

那一晚，不知是不是受到了咖啡因的影响，管敏莉听过建议兴奋异常，当夜就召集一众朋友龚之方、桑弧及唐大郎，他们又心血来潮，急着去找胡梯维夫妇，此刻两个人已然入睡，也应约而到。但唐大郎心中暗忖，屠光启潜心艺事，不懂经营之术，而管敏莉更是流转风尘，又哪里懂得呢？只不过图一时高兴，想尝试些不一样的新鲜事罢了。

人既已聚齐，朋友们七嘴八舌商量一番，多数人认为最合适的地点，莫过于卡尔登戏院楼上的穿堂，稍事装修，一定可行。因为这地方下临派克路（今黄河路），南面跑马厅（今上海历史博物馆），环境一流，人流量可观。经商定，暂定资本为五百万，由十人分别招股，起初想取店名为"三姊妹"，因为欧阳莎菲、胡夫人金素雯和管敏莉情同手足。但唐大郎反对，说这是影射电影《四姊妹》，并不足取。又有人提出"三朵花"，唐大郎认为不庄重。胡梯维说，不如就叫"卡尔登咖啡馆"，获一致通过。正当大伙兴致勃勃，预备第二天就找卡尔登戏院经理周翼华谈谈时，沉默多时的桑弧忽然冷静地发言，说周翼华已接办中华国剧学校，很快将在卡尔登台上演，当锣鼓声响起，试问卡尔登咖啡馆的座上客，还有胃口坐得下去吗？大伙闻言大惊，均意识到这是致命伤，不得不就此作罢，遂悻悻然散去。

胡梯维，本名胡治藩，为浙江实业银行掌权人，又兼大光明电影院经理，从经济实力讲开店完全不成问题。一个多月过去，朋友们忽收到他发来的一份油印通知，原来他雄心不死，打算在居处附近的一方空地，盖起房屋，开一家点心店，征求朋友们的意见，说欢迎任意投资，出资额不拘多少。据收到通知书的唐大郎描述，该文长达五六百字，文艺气息颇重，文稿的最后胡梯维决定，这家店若如开得成，招牌叫作"喜相逢"，这是上个月他在报上写集锦小说的篇名，移用于此，也省得思索了。唐大郎觉得这个店名不错，首先因为"喜相逢"是麻将术语，指两种花色两副序数相同的顺子。调皮的他继而又调侃说雌狗雄狗交配，也俗称"喜相逢"的，这爿店既有男人、女人投资，"假使想起两畜相持的那个镜头"，梯维一定要自笑其"拟于不伦"了。

集资很快完成，股份分为四组，胡梯维夫妇一组，浙江实业银行同人一组，胡氏亲戚一组，其余一组为孤鹰同人，即唐大郎、培林、龚之方和管敏莉。1944年12月底，喜相逢点心店已开始鸠工兴建房屋，小股东唐大郎被胡梯维视为重要人士，说除了剪彩，招

胡治藩、金素
雯结婚照

牌也想请他缮写，唐大郎在报间埋怨称别人不想干的，都想派给他
来，"真虐政也"。

经过近一个月的筹备工作，1945年1月28日上午十点，喜相逢
点心店正式开业。开业前四天预营业，唐大郎在《繁华报》"西风
人语"专栏特地撰文鼓吹。前三天，唐大郎还在《社会日报》发了
一首打油诗："最难皮厚作名流，士不逢时便退休。脚软未堪荷贩
去，门前摆个小摊头。"继续替其宣传。前一天，《新闻报》上发了
广告，称唐大郎先生揭幕，管敏莉、顾兰君、金素雯小姐剪彩。结
果大郎连着数天发寒热，错过了开业典礼。

据1月31日《社会日报》的报道《生活逼人·艺人学贾："喜
相逢"点心店开幕》，该点心店坐落于薛华立路（Route Stanislas
Chevalier，今建国中路）、金神父路（Route Pere Robert，今瑞金二

路）路口（具体地址：薛华立路149号B，卢家湾警察署对面），因事先做过广告，那天"薛华立路上居然有熙熙攘攘之盛"，还不到九点，店里已挤满顾客，叫了一点儿点心之后，就在座位上坐着等看明星。金素雯作为店长，早早就到了，顾兰君和管敏莉却过了十点才到，在人潮汹涌中匆匆剪了彩，就到近在咫尺的胡梯维、金素雯寓所休息去了。记者在此特地记了一笔："惊鸿一瞥，只在吃客中留下了一点骚动。"来的吃客多为小型报读者，他们对于小报上的"时代人物"，如唐大郎的义妹管敏莉，又如潘柳黛与热带蛇（李延龄）之类的故事如数家珍，只可惜揭幕人唐大郎竟因病缺席。后来他在报上撰文，向读者解释揭幕与上台唱戏的分别，言辞间不难读出其态度之执拗，想必很爱惜羽毛："……梯维看得起朋友，降'大任'于吾身，当然没有恶意，我则自己觉得内疚，平常更厌恶那些三日两头替商店揭幕的名人们，自己就不敢再做。揭幕又不比上台唱戏，唱戏有我自己的动作，台下人尽管笑我，我多少有几分'聊以自娱'之快。揭幕是'纯机械'的，像猢狲一样，牵上台又牵了下去，年纪轻一点的猢狲，不肯就范，这要老猢狲，才肯驯服地任人玩弄。"[1]

　　喜相逢的出品，均由若干家庭妇女妙手亲制，主打中式点心，

---

[1]　唐大郎《定依阁随笔·不做猢狲》，《海报》1945年1月31日。

除了元宵，还有鲜肉粽子、豆沙粽子、糯米油饼、一板糖糕、萝卜丝饼、天津锅贴、猪油盒酥，正所谓麻将点心五门齐，花色品种还算齐全的。然而即便是这样的一项简单营生，由于经验不足，除了开幕的那天顾客盈门，热闹非凡，很快便盛况不再，逐渐难以为继。熬到4月，胡梯维翻了翻账簿，竟没有见到一文钱入账。他大为惊诧，赶忙请教内行，于是有前辈拈须笑道："宝号的燃料与伙食，大概消费得不少吧？"此之谓"人肚灶肚，走头无路"。胡梯维回去一翻账簿，果不其然，卖下来的钱都是烧光（燃料）吃光（伙食）的。虽说亏得有限，"终觉无以对友人付托之重"。还有，因为厨房间没有雇人，一切都自己动手，所以主妇金素雯忙得"鸡鸣即起，子夜成眠"，真怕她会累出病来，那真成了赔了夫人又折兵。好在金素雯禁得起锻炼，越做越健朗，可是胡梯维自己呢，因为整日担心，"两鬓平添几茎白发"。

老照片如同时间的琥珀，
凝固了欢聚的时光。
当我们检索旧字，
风流人物的笑与痛更跃然眼前，
令人回味无穷。

民国喜剧人的欢乐轰趴
——徐卓呆劳圃宴宾客

我的朋友丁夏是名人之后，祖父丁悚、伯父丁聪均为著名漫画家，前者多才多艺，生前拍摄并收藏了十多本照相簿，含近千张原照，卷秩庞大，今为丁夏递藏，其中蕴含着一段段有趣的文艺史料，值得深入挖掘。

丁悚（1891—1969），字慕琴，金山枫泾人。师承周湘，初攻西画，擅长素描。成名后以其丰沛的精力，筹办上海美术专科学校，积极从事美术教育工作，除在多家大学兼任美术教员，还参与组织西洋美术协会——天马会，并在寓所成立中国最早的漫画家团体——漫画会。在摄影艺术方面，他是上海美专摄影会、中华摄影学社（简称华社）的首批会员。老先生本职是商业美术，又参与办刊，为大量报纸杂志设计封面、画插图及漫画，还热爱舞台艺术，在工商界、电影界、戏曲界、话剧界、歌舞界有着许多朋友。年过四旬后，经常在家中举办周末沙龙，朋友们相聚一堂，载歌载舞，分外热闹。丁悚既富声名，又广交游，认识的人成百上千，这些人固然都是一时之选，但时移世易，名望也会有起伏变化，这就为辨识老照片，尤其是人物照片平添了不少难度。好在其中有一些照片，因曾在报纸公开发表过，便得以顺利确定拍摄时间与人事。

本文以1928年秋徐卓呆劳圃宴宾故事为例，试着将相关老照片穿插编织进去，两者一旦结合，相隔久远的一桩往事便立时鲜活起来，如在目前。

徐卓呆是谁？

丁悚在徐卓呆（1881—1958）身后撰写的一篇文章里是如此总结其一生行藏的："他本名傅霖，字筑岩，又字卓呆，号半梅。最初留学日本，学的体育，当过体育教员。在春柳社蜕变的新民社，演过新剧。和汪优游（仲贤）等拍过滑稽电影。在大中华唱片公司，灌过十余种滑稽唱片，做过药厂广告主任，编过定期刊物；后又和续娶的华夫人经营自制酱油等等，最后进文史馆。……他一生写的作品，大多滑稽突梯，故当时人称他为'文坛笑匠'。"①

　　徐氏笔名众多，如广为人知的李阿毛、阿毛哥，来自他笔下小说人物。他还用笔名"半老徐爷"，因俗语有"半老徐娘"之说。别名"徐半梅"，缘于"梅"字古体写作"槑"。卓弗灵，既谐音卓别林，弗灵又意为呆。狗厂（厂即"庵"字省笔），似乎由于家里养狗。还用过"闸北徐公"，因1926年前住在闸北。如果说起名字是一门艺术，对于徐卓呆来说便近乎搞笑的工具吧。

徐卓呆搬场

　　在1926年1月10日的《新闻报》上刊着一则短文《徐卓呆的搬场》，副标题有点好玩，为"闸北徐公的名称要取消了"，文中透露徐氏近来的行踪，称去年因为长女孟素突发急病（猩红热）去世（1924年11月），医生叮嘱必须搬场，结果只从宝山路鸿吉坊搬到近处的宝兴西里。一则是因为家无长物，"只有床底下剩一把破夜壶罢了"。二则几个孩子在尚公小学读书，搬远了不方便。最近的消息是又要搬场，而且搬得很远，新屋觅在法租界天文台路白来尼蒙马浪路（今合肥路马当路）附近的大新里，究其原因，原来他与汪优游合办的开心影片公司的摄影场和事务所都在

---

① 丁悚《"哭""笑"难分的徐卓呆》，香港《大公报》1965年9月23日。

那边。

　　到了1927年11月10日，《大罗天》报上刊出一则短讯："笑匠徐卓呆君，将迁居于江湾，为自建屋，颇清幽，宜于著述，闻迁新屋后，将废去床榻，效法于日本人之席地而卧。"看来他又要搬场了，这次是为了什么呢？原来在1927年5月24日《晶报》上刊有一句话的新闻，揭示"开心影片公司，因营业不振，周转不灵，定于本月底停办"。再翻阅徐卓呆事后写的文章《我办影戏公司的失败谈》[①]，大致可以明白其失败原因：当他们创新性地推出滑稽片时，却因市场无法接纳故事短片而失利；转而制作滑稽长片，依然无法在电影发行市场取得优势地位；其后，他们比"天一"更早试制古装片，但依然没有把握住古装类型的正确时机。总之主要是因为不专业，光凭借一股热情，以及满足自己拍电影的瘾，而没有通盘考虑，基本上从一开始就注定了失败的命运。好在他们将自己的公司盘出之外，拍电影的瘾还在延续。不久，北方蒲伯英组织的蜡烛影片公司找到了徐、汪加入，在西湖等地取景，拍摄滑稽侦探爱情电影《三哑奇闻》，摄制完成后于1928年9月、10月间在北方放映。

---

① 徐卓呆《我办影戏公司的失败谈》，《电影月报》1928年第2期。

迁居江湾镇

1927年，徐卓呆在汀湾杨家桥旧有的二亩多空地上，造起一所住宅来，定名劳圃。1928年1月1日出版的《红玫瑰》第4卷第1期，刊有徐卓呆撰写的一篇《村居杂记》，详尽描述了一家人从市区搬到江湾的情形：

迁居的一天，因为二辆装家具的汽车，不能从小路上直达到我门口，所以停在离我新屋二三十丈的地方，只得由小工们将家具一件件从车上搬运到新屋中，我一个人站在铁路旁边监视着，在暮色苍苍五点半钟光景，我问问搬运着的小工：

"快完了么？"

"不！一车刚完，第二车才动手咧。"

到六点多钟，冬天日短时天已黑了。小工们才将两车东西搬完，我踱到新屋中一看，竟不得了，一共只有三间矮屋，把那些桌椅箱笼等物，塞得没有插足之处了。

这一天，急忙到镇上去买了洋蜡烛来，一面在饭店里叫了些饭和菜，胡乱吃了一顿夜饭，大家也疲倦了，姑且打开铺盖来睡觉。

在天还没亮，已经醒了，而且大家都醒了，虽换了一个新地方，倒半夜里从没惊醒过，一睡直睡到此时，于是为着急于要看乡村晓景起见，大家便一齐起身，开了大门望望，正是朝曦初升，挑菜的人，三三两两，恰在铁路旁边经过。清新的空气，确是我们久居上海的人所不很接触得到的。

我在朝饭后，即赴上海去，旁（傍）晚归来，远远已瞧见灯光，晓得电灯已来接火了，一踏进门，剑我笑盈盈的说："如何？你看屋子里怎样？"

我仔细对屋子里一看，原来她们在这一日之中，已把屋中器物安排好了，还有些没有相当地位的，还堆在外面场上。

"怎么反觉房子宽大？昨天不是大家愁着摆不下么？"我很怪讶的问着。

他们的新屋坐落于淞沪铁道边，因徐卓呆在市区还有工作，故每日清晨"在鸡声喔喔之后，听得从上海来的第一趟火车一经过，便穿衣起身，洗了面，吃了东西，在场上闲踱一回，远远见车站上的扬旗一倒下来，我就急忙赶上车站，乘了火车，到上海去"。到了晚上还得赶回去。"旁（傍）晚时，我从火车上下来，沿着铁轨走回去，只见几缕炊烟，数点灯火之中，我那两个孩子，手提着一盏桅灯，前来接我了。回到家中，一吃夜饭，时候还不过六点多钟，已是四围寂寂，万籁无声了，仅不过偶然有几声远远的犬吠而已。"翻阅 1929 年《京沪沪杭甬铁路周刊》中的淞沪支线行车时刻

徐卓呆及其家人，《半月》1922年第2卷第1期。左起依次为：汤剑我、徐绵、徐孟素、徐絮、徐綦、徐卓呆

表，江湾站7时12分首发，与天通庵站仅一站路，间隔八九分钟，到上海北站也不过十一二分钟，交通是很便捷的。又查1926年9月商务印书馆第22版《上海指南》，江湾站至上海站（近宝山路），头等、二等、三等价格分别是2.5角、1.5角和7分，出行成本也并不高。

这样子早睡早起，除了图个空气新鲜，还可以省下不少开销，用徐卓呆本人的说法，"上海居，大不易。再住下去，破产也不难，住在乡下，到底开销省得多"。最大的一笔开销是房租，除此还有什么额外收益呢？倒有一件做得说不得的事，被徐氏于文中津津乐道，称之为"大粪主义"。原来在新屋他们舍弃了马桶，代之以粪缸，以前请人倒粪是要主人出钱的，到了江湾镇，发生了稀奇事，淘粪工将粪挑走，反倒给他们钱。两担粪，共收得三百文钱，妻子汤剑我拿这钱给孩子们买了点心。

所有的改变，包括不用仆人，一切事情都由他夫妇俩和几个子女亲力亲为，以及舍弃三张床，在卧室地板铺上日式的地床（榻榻米）……被徐卓呆提升到"生活革命"的高度，并说："想乡居的计画，已经有了好几年了，弄到此时才得实行。"最后补充说："家中病人连续不断，也是催促我们乡居的一种原因。"确实，夫人本来身体不好，搬来后每天晒在太阳里，变得又黑又胖，要比原先健旺许多。

劳圃宴宾客

一家人很快在新居安顿下来，还打算利用屋旁空地，种些蔬菜及花木，遂专门找来园艺专家，为其规划种植樱花、绿梅、紫藤、玉兰、桂花、碧桃、天竺之类。屋门前围以竹篱，门楣的正中写着"劳圃"二字，是由周瘦鹃代请袁寒云（1890—1931）题签，字迹苍劲有力。

1928年11月4日星期日中午，徐卓呆以次女徐絮跟从持志大学中文系闻野鹤教授读国学为名，特地设宴，并请老友周瘦鹃、严独鹤、马直山、范烟桥、徐碧波和丁慕琴作陪。

众人事先收到了请柬，"柬上并注载火车终点及劳圃所在方位，

徐卓呆在劳圃门前
（丁悚摄）

详明如指掌，此诚所谓道地请客矣"。①

　　这一天，范烟桥、周瘦鹃和丁慕琴"搭了十点三十五分的火车同到江湾，卓呆早在车站上等候"，徐卓呆说只要沿着轨道走去，"走过枕木三百五十根，那就到了，我们一壁走，一壁数，数到了三百五十，果然见劳圃的门额已在道旁含笑迎客了"。推门进去，"见是一片园林，一小半已种了菜，一大半土已铲松，尚未下种。居中矮屋三间，门前杂莳花木，黄狗二头，趄在阳光下打盹，甚是闲逸，檐下挂着鸟笼，笼中一头芙蓉鸟，宛转作歌，似乎在那里表示欢迎，中间一个小小客堂，有额曰淘斋，出徐天啸君手，据卓呆

——————————

　　① 碧波《劳圃之行》，《新闻报》1928年11月6日。

说，淘是淘汰之意，他被上海淘汰出来，所以不得不住在江湾了，自是滑稽的口吻。左右两间，一间是书室，名怀素室，是纪念他的亡女孟素而作，一间是卧室，有额曰逃斋，出萧蜕公君手"。①

说起"逃斋"，原来还有一段掌故。徐卓呆在《村居杂记》中曾道其原委。

一日，我把一张宣纸交给友人沈君："这是一幅横榜，我打算代替客堂中的匾额的，请你带到苏州，求萧蜕公替我一写，是淘斋二字。"

"何谓淘斋？"沈君不解其意。

"淘斋就是从上海淘汰下来的人家。在上海受了种种压迫才淘汰到此地来的。"

数日后，苏州的挂号信来了，我打开那张宣纸一看，"淘斋"二字变了"逃斋"二字了。他下面还有几行跋语：

"卓呆仁兄，颜其居曰淘斋，属为署题，谓：将受淘汰也。余谓：君非劣种，岂为天演支配？惟逃跑为当今伟人法门，余深愿君之师彼，故易以逃斋，想君必欣然喜曰：有是哉！然则我今日逃去，明日不妨逃回矣。丁卯季冬，书于吴趋听松宦，寒蝉。"

---

① 瘦鹃《劳圃的半日》，《上海画报》1928年第410期。

我见了，哈哈大笑，就对剑我说："萧先生太恭维我了，他要叫我学伟人咧！逃是从忧患处避到安乐处；淘是从优胜处逼到劣败处，完全相反了！"

也因为萧蜕没有给他题写"淘斋"，只得另请高明，并将此匾额移至卧室。卧室里面并无器物，周瘦鹃见"铺陈全都卷起，藏在壁间的暗柜中，只见席子数条而已，一面的壁凹处，挂有梅花立轴一幅，画前供有菊花一瓶，雅洁可爱，夜间一家五人，就都躺在这逃斋的席上，逃到黑甜乡去。烟桥善开顽笑，说是颇有长枕大被之风，卓呆即忙回说，将来一娶媳妇，那要另外设法了"。

丁悚因考虑到"劳圃秋高，必多佳景"，故携带了摄影器具，"一路蹀躞，采取画图"，到了目的地，看见闻野鹤比他们先到了。[1]入门之后，范烟桥见"慕琴君携摄影之机，往来采取资料，适有邻家两女郎送柠檬至，即强之与呆君之女公子成一影，而吾侪立淘斋外成一影，有檐前小鸟阶上黄犬作点缀，颇有奇趣"。[2]三女合影今已无从觅取，但留有几位男士的合影。

---

[1] 丁悚《纪劳圃之宴》，《礼拜六》1928年11月10日。

[2] 含凉《劳圃秋饮记》，《小日报》1928年11月5日。含凉为范烟桥笔名。

屋前合影（丁悚摄），
左起依次为：徐卓呆、范
烟桥、闻野鹤、周瘦鹃

　　另外一批也是三人一组，徐碧波于正午时分在"天通庵站登
车"，恰好碰到严独鹤、马直山这对表兄弟，他们在火车上谈不多
久，"指顾之间"已到江湾站，遥遥望见主人翁徐卓呆已笑盈盈伸
着肥掌在迎接了。"下车沿铁道行，数十步即抵其居"，"时野鹤、
瘦鹃、烟桥、慕琴诸君已先在，主人即纳客入座，倾樽开筵"。

　　人既已到齐，主宾八人便在怀素室里聚餐，由徐氏之子徐绵负
责传菜。丁悚赞为"丰肴盛馔，美不胜收"。范烟桥记道："肴馔之
多，至于不可胜数，尤可感者，提壶供酒，端盘进菜之役，皆其公
子为之，盖呆君抱习劳主义，平时亦不假手于仆婢，其子女化之，
劳而有序，不愧为劳圃之小主人矣。"

席间，众人"即景生情，妙语解颐"。严独鹤话最多，"且食且语，其吻绝不稍息"。具体谈了什么呢？据严氏在两天后刊于《新闻报》上的短文《乡村之游》，除了羡慕徐卓呆能摆脱尘嚣、饱吸新鲜空气之外，并将话题引向自身，发起了牢骚："尤其像我这样，每月出着不少房钱，而又常看那些房东的怪嘴脸和大架子，不由要发生一种感想，觉得徐君能住着自己的房子，不至于寄人篱下，真是写意之至了。"似乎话中有话，"房东的怪嘴脸"究竟怎么一回事呢？范烟桥在文中揭开谜底：原来严独鹤"方卜居恒庆里，初得徐朗西君之介绍于屋主魏廷荣君，允减房金，后忽食言，并索押租，独鹤君甚至谓平生唯一之不快，为看房东难看之面孔也"。

宴席过半，闻野鹤以事先去，"双鹤少了一鹤，幸而独鹤健谈，口若悬河，因此也颇不寂寞"。餐后水果是雪梨，为了吃梨居然还发生了"流血事件"。徐碧波述及："独鹤怀小刀，殊利，首先取一梨剖嚼之，颇有佳味，瘦鹃羡之，假刀直削，讵误及其左手之中指，创焉，血如注，主人亟以橡皮胶黏之始止。周攒眉怨严刀之利，严因诮其削梨手术之拙。"范烟桥所述版本略有不同，他说席上本有四枚雪梨，一开始周瘦鹃借严独鹤的小刀削过一枚，没事。席散后又拿一枚，削了一半，却伤及手指，大家都说是"贪得无厌之报"。正喧闹间，丁慕琴已"以镜箱在手，立候诸子摄影，曰君

等且少安，莫再哓哓，相片将作骂街图矣。摄入者惟余与主人不御目镜，否则绝妙之眼镜清一色也"。合影拍了多张，其中有一张以后刊于多家报刊，在此挑选其中印得较为清晰的收入书中。

徐卓呆家里养的两条黄狗，据说是母女俩，女犬才五个月却肥润过其母。母犬为巡捕房所禁无主之犬，徐氏托友人求来，此犬性情温驯，刚来的时候不吃猪肉只吃饼干，因此知道是外侨所养。丁悚也给它"摄一影，伏首而卧，亦暇豫也"。

餐毕，由徐卓呆引导到前后邻居的别墅参观，皆精雅小筑，徐氏说都可以"叩门入览，有看竹何须问主人之雅"。逐一看过陈庐、苕庐、戴慈庐，范烟桥说可用八个字概括之，曰"有圃皆亭，无家不犬"。圃后还有青年村，"画地作数区，家占一区，各出心裁"，建筑尚未竣工，据说是统一管理，消耗较省。之后来到劳圃之西，

众人在铁道旁
合影（丁悚摄），
左起依次为：马直
山、徐碧波、徐卓
呆、范烟桥

只见"树木参差，风过落叶，皆婆娑舞"，远远望见一眼小溪，小溪边上，丁慕琴"忽瞥见二女郎踞坐石坡上，展卷而读"，忙用手上的照相机遥相摄之，不料机器甫动，对方已然发觉，"嫣然矫避入篱去"。幸好形象已经摄入。范烟桥在一旁对他说，此景不仅饶有画意，且有诗意。溪水对岸还有一个妇人在浣衣，也一并摄入，徐碧波称："不日华社影展会上，当可见此作品也。"

盘桓至四时半，众人才搭了汽车返沪。这劳圃的半日之游，也算让几位终日奔忙的文人偷得浮生半日闲，是很值得纪念的。

沪上有双霞，画坛奇女子。

最是人生初见，极尽一时风流。

双霞宴琐记

古人云："同声相应，同气相求。"求诸近现代海上艺坛，此类现象并不稀见。其中有同属一个家族、师法陈洪绶一路的海派画家"海上三任"，任熊、任薰、任颐。有存在师承关系的"江南三铁"，吴昌硕（苦铁）、王大炘（冰铁）和钱瘦铁。而闺秀画家群体之中，则有"海上三霞"，分别为吴青霞、周錬霞及沈云霞，她们画风各异，只因名字中都带着一个"霞"字，遂以此并称。

"三霞"之中，吴青霞、周錬霞可谓一生之友。1934年4月，吴青霞等人创办中国第一个女子美术家组织——中国女子书画会，周錬霞很快积极响应。两人参与了女子书画会的多届书画展。1943年6月，设于浙江路462号的上海画厅举行开幕典礼，周吴二霞一起出席剪彩，同时由蘋庐主人（徐晚蘋，号绿芙）举行"现代书画名家精品集展"，极一时之盛。"双霞"也在1956年上海中国画院成立之初，一同加入画院，成为首批画师。

本文着重谈谈"双霞"的第一次晤面。

1929年初的第二个星期日（1月13日），由陈觉是、田寄痕两位出资，在南京路上的冠生园总店里的贵妃厅，宴请女画家吴青霞、周鍊霞。这一天的来宾，有中医吴莲洲、邵亦群，以及沈廷凯、陈廷祯，这四位均有夫人伴同。单独而来的，有老画师丁慕琴，以及王一鸣、包天白、邓春澍、倪古莲和柯定盦。其中吴青霞由她父亲吴仲熙老先生陪着，周鍊霞则与其夫徐晚蘋偕来。

南京路冠生园店于1928年5月13日开幕，店址位于石路（今福建中路）东金城银行旧址，南京路（今南京东路）555号，为三层五开间，二楼设广州餐厅，供应粤菜茶面点（如信丰鸡、海鲜、炒卖、伊府面、猪油大包等）。而从柯定盦事后发表在《申报》上的文章《霞光灿烂记》可知，贵妃厅是以张聿光所绘《贵妃出浴图》而得名，"结构设色，两臻神妙"。据1928年9月29日出版的沪上小报《福尔摩斯》报道，张聿光的这幅最近杰作《贵妃出浴图》，尺幅比刘海粟价值7000元的同题大型油画《出浴》大约一倍，出现在上海艺术协会举办的展览会时，"备受参观者之佳评，描写贵妃华清赐浴，神韵宛然，其一种娇慵无力、香喘微闻之情态，尤活现纸上，且翼纱虚掩，玉肌毕露"，总之是一幅"艺术超群、妙到毫颠"的好

《新闻报》1928年4月30日第15版冠生园广告

画。听说是以三百元的价格卖给冠生园主人冼冠生的，这个价格真可谓物有所值。此外，厅内还"配以白鹤，计一百四十余，故又名百鹤厅"，并附设了三间精室，"幕以红帷，极觉宫室之美"。

为何会有这么一次宴会呢？其实这是一次同文间的聚餐。据陈觉是以"尘生"笔名刊于《礼拜六》的短文《贵妃厅内宴双霞》所示，周鍊霞、吴青霞"均以霞名，工诗画，其作品屡见于本《礼拜六》，余以有同文之谊，与寄痕于星期日假冠生园，谨具薄酌，设束请教"。"同文"，即在同一份报上撰文的同人，故这些来宾除了是《礼拜六》周报的编辑，便是其作者。巧的是，先一日武进画家邓春澍恰有游沪之行，便也受邀来凑趣。

职是之故，这里不妨先插叙《礼拜六》周报的简史。今综合陈觉是1928年1月1日所撰《我与〈工商新闻〉》以及1946年《礼拜六》第46期上的《〈礼拜六〉廿四周年纪念》两篇文章，可略窥

南京路冠生园老照片

一二端倪。1922年秋，陈觉是从广州来到上海，在南京路经营广东马百良药房分行，"特创行上海《马百良》周刊，除专载马百良出品宣传外，并撰述各种有趣味小品文字，每期印送万份，为一时小报之铮铮者，亦为商号发行周刊之首创者"。当时，海上的文士纷纷投稿，而"分行送登各报广告，请田君寄痕任其事，是为我识田君之始"。田寄痕，本名季恒，他看见《马百良》周刊办得有声有色，也引起办报的兴味，同时有感于上海在工商领域没有专门的报纸，遂着手组织，并于1923年5月7日创办《工商新闻》报。"雄鸡一声，东方大白。"包天白即为该报的首任编辑，此外还有董柏厓、王钝根、刘豁公、谢豹、杨季任等人。创刊的那天，田寄痕对他讲："《马百良》周刊为兄，《工商新闻》为弟，此后兄弟应如何友爱哉？"孰料癸亥年（1923）重阳节之后，药房分行改组，《马百良》周刊竟刊至第四十期而终止，从此雁行分散，而《工商新闻》尚巍然独存。

《礼拜六》原为《工商新闻》之附刊，1925年1月1日周四即已创刊，原名《小品》，因嫌其名过于笼统，又因请来早年间的名刊《礼拜六》杂志的编辑王钝根为主编，故此改名。自1月10日第二号起，每逢周六出版对开一大张，每期四开四版。迨至1928年4月7日，《礼拜六》改出革新第一号，正式从《工商新闻》报独立出来。历任主编，除了王钝根之外还有刘豁公和陈觉是。具体来说，1928年秋，陈觉是由杭州返沪，田寄痕请他主编《礼拜六》周报，"辞不获已，黾勉从事"，直至1930年底，每周的周三周四两天，他必亲自到麦家圈报社，"编撰稿件，风雨无间，历三年如一日"。

来宾之中的男性，丁慕琴即是漫画家丁聪的父亲丁悚，盛名远播，无须赘述。

倪古莲，1924年曾为上海《时事新报》记者，1926年短暂担任开心电影公司背景兼字幕书写员、宣传员等职，1928年为《小日报》编辑，1935年为《华洋月报》杂志编辑。

包天白，福建上杭人，出身于中医世家，与祖父包育华、父亲包识生并称"三世医宗",其父所著《包氏医宗》被誉为现代中医院校教材雏形,本人则创办新中医研究社并参与编辑几份重要的中医药期刊,如《家庭医药》《新中医刊》《中医各科问答丛书》等。

吴莲洲和邵亦群是同门师兄弟,师从武进名中医吴菊舫;前者为苏州人,天生驼背,精中医,自1920年8月起,即与师弟邵亦群在三马路昼锦里东首的医馆(申报馆旁),代替其师开堂问诊,擅治伤寒、咽喉、妇儿等症。1928年2月,由上海特别市卫生局印行的《第一次登记西医、助产、中医名录》中,吴邵二人均名列其中。名录上载有两人的年龄,吴莲洲29岁,邵亦群27岁。故可知吴莲洲出生于1899年,邵亦群出生于1901年。有意思的是,祖籍安徽绩溪的邵亦群似乎从1927年起参与位于爱多亚路西新桥畔的大中楼菜馆的经营活动。1928年,这家菜馆率先发明一种砂锅馄饨。据郁慕侠《上海鳞爪》书中介绍,这是先裹好了元宝式的大馄饨,用鸡和鸭双拼而成,再放入一只砂锅内。"起初的当口,生意是好极了,大有应接不暇之势。"大中楼"楼上楼下,天天有客满之患",可惜好景不长,等同业们纷纷效仿,很快就偃旗息鼓了。更值一提的是,这两位知名中医都博览群书,国学底蕴深厚,1928年至1930年每月朔望(农历每月初一日和十五日)时还一起组织文虎征射的活动,举办场所就在大中楼菜馆之内。

其余诸人多为工商界的几支健笔。

沈廷凯，时任益丰搪瓷厂会计，热心公益，常在报上撰文提倡国货。

陈廷祯，一名廷桢，1923年时与未来的中西大药房经理周邦俊同为南洋高级商校同事，他是商校教授，后者为该校校医。1928年为《礼拜六》周报驻平记者，1932年为该报编辑。1936年在中西大药房任推广科主任，主管电台业务，取得不俗业绩。约在1937年底，"沪战初息"，他创造性地推出了电台购货节目，以推销成药金嗓子保喉片而风靡一时。"每晚播音约一小时，顾客达二千余户，并引起各电台争相效尤。"

王一鸣，似乎是民族纺织业从业员，曾任中国纺织学会第八届年会理事。1936年5月，任号称"纺织界的大众刊物"的《纺织世界》半月刊主编。

柯定盦的资料不多，只知道他是浙江人，祖父曾在德清新市镇为官，其兄为已故画家柯陶盦[①]，本人则在1934年创立的中国工商业美术家协会附属商业美术函授学校任监事。

最后补述邓春澍。据柯定盦《名画欣赏记》一文介绍，武进邓氏，名澍，号青城散人，近时书画名家也。工人物写真、花鸟鱼龙，最擅长山水梅石。书法更秀逸可观，兼治金石，古朴苍老。又

---

① 遁《记小友之画》，《礼拜六》1928年12月8日。

双霞宴中之来宾。后排自左至右：陈觉是、王一鸣、沈廷凯、邓春澍、吴仲熙、徐绿芙、邵亦群、包天白、陈廷祯、倪古莲；中排自左至右：陈廷祯夫人、沈廷凯夫人、吴青霞、周錬霞、邵亦群夫人、吴莲洲夫人；前排自左至右：吴莲洲、田寄痕、丁慕琴

善诗词，清丽动人。总之是当年有名的艺坛多面手。

说回双霞宴。那一日，吴青霞父女先到，只见她身穿黑色绸袍，足履旧式棉鞋，一派古朴醇厚气息，着实令人肃然起敬。周錬霞和徐绿芙夫妇则从嘉定赶过来，用绿芙的话说，多谢火车脱班，而能赶进这盛大的欢宴。与吴青霞古朴气质有所不同，周錬霞穿一身红色缎袍，袍子上镶有赛珍饰物（指进口的西洋人造珍珠、水钻之类），光艳夺目，四座皆惊。短发垂髻，颈后覆以灰青色丝织镂花手帕，眉际缀以黄色蜡梅花，更觉妩媚动人。

宴席尚未开始，女画家吴青霞即席濡染丹青，绘制《岁寒清品图》一幅，历时共两小时才完成。画上计有物品十余种，其中尤以

冠生园饮食部碟子（张荐茗先生藏）

鳜鱼、白菜、牡丹、天竹等设色逼真，更为名贵。而题字之秀劲，有王羲之风格，绝无脂粉气，尤为难能可贵。酒席过半，田寄痕请众宾客一齐上冠生园三楼冠真美术部，由丁慕琴导演，安排众人的位置，留有一张大合影。再由徐绿芙为双霞留有合影一张，勾肩搭背，形同姊妹。酒阑之时，周錬霞画兴勃勃，挥毫作芭蕉、天竹及牡丹二幅，并题诗一首，内有句云："纱窗犹有绿痕无。"田寄痕见此诗句，因嵌入自己的名字而又浑然天成，故喜不自胜。画完之后，又由"常州石圣"邓春澍添上松树、奇石，并由吴青霞补绘梅竹，为之增光添彩。徐绿芙尤其珍爱吴青霞的一株红梅，称其"极铁骨遒劲之致，得疏影横斜之妙"，绝非信手涂鸦者所能臻此。宴

双霞合影，右为周錬霞，左为吴青霞，《上海漫画》1929年第42期

后，邓氏并写两副对联。席散时已金乌西坠。

如此盛会，岂可无诗？广东才子陈觉是专门以《双霞宴》为题，写下一首长诗：

天寒有酒今朝荐，寄痕发起双霞宴。美人名士一齐来，当筵省识春风面。冠生园内贵妃厅，画栋雕墙锦作屏。日照纱窗杯影暖，红颜未醉酒微醒。莲花舌粲如来座，个个锦囊珠玉唾。逸兴闲情一座生，丹青妙笔频添课。系出名门女画家，天生丽质自风

双霞合影,《北洋画报》1929年第6卷第278期

华。芳名恰可称双妙,一字青霞一鍊霞。霞光一炫生花笔,写到人间花第一。轻描小景岁寒图,彩朵牡丹尤秀逸。暮云春树画苍松,老干参天欲化龙。更倩吴娘补梅竹,结成三友傲东风。风流文酒时难得,高会龙华登异域。双影翩跹入画图,三毫俊朗添颜色。古香古色藻缤纷,宴罢窗前日已曛。嘉话足传千载美,因缘翰墨结钗裙。①

---

① 陈觉是《双霞宴》,《礼拜六》1929年1月19日。

几日之后，返回家乡的画家邓春澍，收到了田寄痕寄来的合影，遂撰七律一首，题为《田君寄痕惠寄同人摄影口占一律即请晒政》①。诗云：

海上相逢尽散仙，同留色相出天然。二霞妙缋人如画，诸子多才笔似椽。诗虎酒龙新契合，雪泥鸿爪旧因缘。从今昕夕闲中看，景仰无庸望眼穿。

亦曲尽当时情境。

附带一说，就在这次双霞宴约三个月前，即1928年9月底的某晚，吴莲洲做东，请田寄痕、王一鸣等老友在邵亦群寓所聚饮。来宾胥为文艺界人士，座中有武进吴仲熙，领着女儿吴青霞出席，那时吴青霞"初来沪滨，尚未与海上文艺界相见"，故"特假此次筵会，对客挥毫，以求他山之助"。就席之前，只见吴青霞调丹青，铺素楮，立画达摩尊者像一帧，又书中堂一幅，敏捷纯熟，虽初出茅庐，却以遒劲的笔法尽显老到，使观者无不交相赞赏，周瘦鹃、严独鹤亦叹赏备至。酒阑客散，邵亦群坚留张光宇、吴天翁两位成

---

① 邓春澍《田君寄痕惠寄同人摄影口占一律即请晒政》，《礼拜六》1929年2月2日。

周錬霞的扇形信封。扇面上写着：本埠山东路第一号工商新闻报馆内田寄痕先生。下方圆形扇柄处标有"錬霞画寓"四字，底下所注时间为九月廿二日

名画家与吴青霞合画一立轴，先由吴天翁画一尊佛，跌跌上座，如乌巢禅师，张光宇补绘石水，"巉岩壁立，清漪潺湲"，再由吴青霞补上青松，蔓于岩石之旁。最后，三位画师合绘竹笋、青菜、南瓜一幅，亦别饶雅趣。总之初出茅庐的女画家吴青霞，在气势上绝不输于在座的成名艺术家，怎不令人佩服她的老练。

更巧的是，当那晚的文酒之会以《吴青霞女士对客挥毫》为题，刊于1928年9月29日《礼拜六》之际，同一版面还刊出周錬霞的六首律诗，总其名曰《秋宵》，以及周女士最近寄给该报之一封信的扇形信封所制成的插图。换言之，至少从那时起，"双霞"未来交相辉映的命运已在冥冥之中有所勾连了。

魔都上海，东方巴黎，引无数文人墨客竞折腰。

海派文艺家们济济一堂，

在觥筹交错间书写传奇，成为传奇。

沪上雅集
——朱凤蔚发起的凤集聚餐会

　　1946年8月1日出版的《海派作家人物志》一书，收录50位当时活跃于沪上小报（及其变种方型周报）界赫赫有声名的海派作家的作品并附生平简介兼及笔名，虽说才70多页，薄薄一本，却因资料独到，足以引起研究者的重视。

　　该书于目次之前收录有一张合影，上有题字，为"甲申三月廿五凤集同人摄影"，其下印着两行小字，注为："报坛名宿朱老凤先生发起之'凤集'，网罗全沪海派作家，济济一堂，经常聚餐联欢，上图为凤集初期同人摄影，硕固（果）仅存之女作家，即大名鼎鼎的鍊师娘是也。"该照片自有其可贵之处，如《人物志》中谢啼红像即从合影中抠出，或许是他存留于世的唯一的影像吧。可惜整张照片呈现出明显的颗粒状，清晰度不够高。

所幸这张合影又在1947年9月15日以《引凤楼头：海上文艺界同人宴集留影》为题，刊于梅花馆主郑子褒主编、沈苇窗编辑的知名剧评杂志《半月戏剧》第6卷第6期"十周纪念特大专号"，照片制版清晰度提升的同时，杂志上并列出所有照片中人的姓名：

陈念云、李云止、章秀珊、董天野、卢一方、张剑秋、徐晚蘋（后排立者）

王效文、申石伽、唐镇支、顾卧佛、宋大仁、王小逸、张晦安、沈苇窗、荀慧生、程漫郎、谢啼红、苏少卿（中排立者）

丁悚、汪霆、周鍊霞、朱凤蔚、蒋九公（已故）、金小春、梅花馆主、周小平、干兰荪（前排坐者）

其中蒋九公名叔良，时任《东方日报》编辑。1944年8月初，邀老画师丁悚为该报撰写长篇连载《四十年艺坛回忆录》。1946年4月16日，九公因肺病不治，殁于赴太仓的长途汽车中，年仅39岁。噩耗传来，众人皆唏嘘不已。

今以这同一张照片的不同版本的注释信息互校，即它确实是朱

后排左起：陈念云、李云止、章秀珊、董天野、卢一方、张剑狄、徐晚籁
中排左起：王效文、申石伽、唐镇支、顾卧佛、宋大仁、王小逸、张晦安、沈苇窗、荀慧生、程漫郎、谢啼红、苏少卿
前排左起：丁悚、汪霆、周鍊霞、朱凤蔚、蒋九公、金小春、梅花馆主、周小平、干兰荪

凤集同人聚餐合影

凤蔚发起的某次凤集，但参与者并不全是海派作家，其中也有画家
（丁悚、申石伽、董天野）、京剧名伶（荀慧生）、律师（王效文）
乃至医师（张晦安、宋大仁）。说是文艺界同人也略有参差。倘再
深入探究一番，本次凤集也并不发生在初期。

《人物志》中的照片上的系年甲申，即1944年。据当年3月24
日老凤（朱凤蔚）在《东方日报》"翔翔集"专栏的文章《凤集八
届聚餐》中预告：

凤集成立迄今，忽忽已届八月，八届聚餐，已定本月二十六日星期六，下午准新钟六时入席。因为夜间灯火管制，又值月黑，不能不提早时间，俾途远而不喜打牌者，得早时回去。本届餐费，定每人二百五十元，因凤集同人，志在欢聚邕谈，饮啖简单一点，原无所谓，为持久计，餐费不能过昂也。

本届聚餐，又有周小平、郑子褒、沈苇窗、章秀珊四兄加入，小平兄本云集旧人，今重加入，当有"温故而知新"兴味。本届又有宋大仁医师，捐赠拍照，每人赠六寸团体照一张，再赠放大一张，留作凤集纪念。三四十人，人各一张，更有放大，宋君此举，可谓浩大表现。……

又翻查万年历得以核实，1944年3月25日（非26日）正好是星期六，则此次聚餐会基本上可以锚定为朱凤蔚假西摩路寓所"引凤楼"组织的第八届"凤集"。

由此上溯至1943年8月7日的首届凤集，朱凤蔚在《海报》上的专栏"碧湘楼杂录"撰《凤集聚餐纪趣：除迷信"十三"大吉利》（刊于1943年8月10日），对聚餐会的缘起作有如下说明，又为何要除迷信呢？原来众人恰好十三人。老凤行文之风趣，由兹可见一斑：

同文近有"凤集聚餐会"之组织，地点在引凤楼，"凤集"云者，即摘"引凤楼"之"凤"字，为"集"合之意也。首届聚餐，适为"七夕"，月白风清，银河在望，良夜佳会，兴趣弥高。丁慕翁到独早，为五时半，豹兄殿后，为七时半，都十三人。"十三不祥"，本为外国赤老迷信之谈，堂堂中华大族，要学时髦，跟外国赤老迷信，其何能淑？我侪十三人，都属英雄好汉一类，中外迷信，一概剔除，故无人不见十三之数，为大吉大利也。（石伽因赴杭未返，缺席。）

菜系小舟兄向"知味观"所定，价廉而物美。八时入席，酒喝去特号太雕十五斤，其中观鑫、健帆、慕琴、力更、空我、小舟、匀之、老凤，皆洪量。晦安、小逸，亦不弱，差一点只有灵犀、修梅、啼红三人。但是夕灵犀兴致特高，猜拳饮酒，样样自来，真是意外收获。匀之、小舟、健帆，各打通关，直至酒罄，方始罢休，已十时半矣。旋赠品摸彩，匀之得慕琴之《天河配》（两个妖精打架），修梅得老凤之糖果一包，老凤在包皮上题句曰："甜迷迷，笑嘻嘻，鸳鸯枕上两心齐，长生殿里永不离，回去赠给杨贵妃。"阖座大笑。小舟得观鑫夫人无锡携来三白大西瓜一枚，权之得十五斤重，小舟笑逐颜开，捧了就走，回去与他夫人子女，共尝甜味。灵犀得匀之之"小皮夹子"。灵犀以为今年再添小皮夹子预兆，心花怒放。慕琴得晦安之大号紫罗兰爽身粉一罐。恐是头彩？啼红得健帆美丽牌火柴十匣，啼红说"实惠之至"。健帆得修梅"福尔"爽身粉，听女说书，可以不生痱子。空我得小舟西洋参一包，清火生津，十分满意。小逸得灵犀之和尚像一帧，可参欢喜禅。观蠡得小逸周曼华陈云裳玻璃照相架一具，吴太太大不喜欢，疑心观蠡对二个明星有野心。老凤得空我逸园香宾票一张钞券十元，谥曰"双进账"。力更得啼红稿笺二刀，大可配给一番。晦安得力更麻纱手帕一方，归献夫人，必能当夜演双星渡河佳剧也。

观蠡有诗纪其事，小逸、灵犀、修梅、老凤，各有油诗一首（另刊），晦安小舟慕琴先行，空我十二时走，其余均雀欢通宵。另外雅集之类，以温文胜，我侪则以粗豪风趣胜，亦足自豪。特别是半老书生与半老佳人七夕从南京赶来，满拟演鹊桥相会，不意引凤楼楼窄人稠，使双星阻隔，空望银河，宜使双星并感懊（恼）也。

首届凤集共十三人，除了南京来的吴观蠡（半老书生）外，如张健帆、丁悚（慕琴）、胡力更、余空我、周小舟、李匀之、朱凤蔚、张晦安、王小逸、陈灵犀、汤修梅和谢豹（啼红），皆与沪上小报有关联，或为其撰稿，或为经办者、编辑者。众人各携礼品，餐毕摸彩互赠，赠品亦多具实用性。在那非常时期，借此文酒之会，大家晤会一室，谈笑无忌，可以交换意见、切磋学问、沟通声气、消除隔阂，获得精神上的安慰，确为有益身心之事。次日，编者汤修梅辟出《海报》第3版约三分之一版面，刊出观蠡、小逸、灵犀、凤蔚、修梅等人的打油诗及和作，冠以总名"凤鸣集"，使首届凤集热闹收场。

二届凤集，于1943年9月4日举办，菜由大雅楼承办。新加入陈子彝、卢一方二位。申石伽由杭返沪，翩然莅止，恰与谢豹并坐，凑成"申公豹"。餐后赠品取消，改制诗谜，以助雅兴。

9月22日，朱凤蔚在《力报》上的专栏"桐花馆杂缀"发表《凤集天予人归》一文，谈及凤集的成立，由云集蜕化而成，云集原是由"待云室主"郑过发起组织，不料郑氏因讼事致"风流云散"，乃有凤集之组成，"期月一聚，一仍旧例"。后文并称李匀之为总干事，又宣告秦瘦鸥、金小春也加入进来。

三届凤集，于"双十节"晚间举行。除了原来的观蠡、石伽、子彝、灵犀、小逸、啼红、晦安、健帆、小舟、力更、修梅、老凤和匀之外，新加入秦瘦鸥、王效文、陈蝶衣、金小春、冯若梅、蒋叔良（九公）和何家榴。共计20人。缺席者为丁悚（因张文涓订婚晚宴）、卢一方（赴锡未回）和余空我。本次凤集恰逢周錬霞生日，遂同时邀之公宴。当晚摆了两桌席，菜由小舟向绿杨邨定，众人并共尽十年陈太雕二十斤。两天后，朱凤蔚在《海报》"碧湘楼杂录"专栏刊出《凤集三届餐聚记：狂欢的双十夜》一文，专记此事。

11月3日，"桐花馆杂缀"《凤集又添新侣》一文中，朱凤蔚披露凤集新加入陈东白、张柳絮二位，并由王效文提议，大家公议通过，请周錬霞成为永久公宴的"特客"。

四届凤集于11月13日举行，除了陈张，又新添四位客人：朱锵锵、冯凤三、马醉云和朱长风（万里）。空我、蝶衣、瘦鸥、小舟缺席。周錬霞亦因书画展览会闭幕，来电婉谢。本届有"孤哀子"一双，九公丧母、晦安丧父，均奔丧返沪不久。

12月18日为五届凤集，参与聚餐者已扩至两桌半。不到者三人，蝶衣、若梅和瘦鸥。丁悚有事，电告通知，最终赶来。黄也白说好要来，却不曾到。胡力更偕夫人朱毅君一道出席。当天除了周朱两位女客，又请来弹词女艺人邹蕴玉、严雯君助兴，凑成"四美俱"。如要凑成"二难并"，则有横云阁主张健帆与李匀之，因他们皆为评弹评论家、词作家。

六届凤集定在1944年1月15日，适为老凤五五寿期，力报经理胡力更提议除固定餐费外，每人再纳百元，集资叫一班滑稽堂会，让凤公乐一乐。当晚果然请来独脚戏艺人胡琪琪、杨笑峰为之助兴。本届凤集扩至三席，摆成"品"字形，菜由悦宾楼承办。此外，餐聚时适逢灯火管制，灯昏如豆，集友摸索登临，为状弥趣。

2月19日七届凤集聚餐，菜系福煦路安乐邨俱乐部家厨特制，每席2000元，每人征收200元。老凤在事前公布集友名单，为：陈灵犀、陈东白、陈蝶衣、陈子彝、陈念云、冯蘅、冯若梅、朱锵锵、朱长风、朱凤蔚、朱毅君、张晦安、张健帆、丁慕琴、秦瘦鸥、王小逸、谢啼红、周小舟、周鍊霞、胡力更、金小春、胡椒、王效文、谢德宏、张柳絮、郑过宜、王慕尔、唐镇支、申石伽、蒋叔良、吕次维、李匀之、汤修梅、吴崇文、卢一方、陆维特、干兰荪。并向上届不到者催讨补纳半费。当晚实到32人，盛况空前，餐毕，二桌麻将，一场诗谜，至次晨九时始散。嗣后，因集友已增至45人，人满为患，柳絮、冯蘅选择退出。

在此补叙八届凤集的相关花絮，菜系广州饭店承办，王雪尘自掏腰包两千元赞助。当晚除了灯火管制，兼春雨霏霏，金小春餐毕出门，伸手不见五指，与张剑秋雇街车不得，在大雨中摸索行进，终于拦到三轮车，却被车夫索以重价，计算此行所费，每人需300元。周鍊霞与徐晚蘋夫妇双携而至，实属创举，然老凤、一方的豆腐作风一仍其旧。合影时，矮者坐，长者立，致使周徐二人相距甚远，亦不免令人咋舌。名伶荀慧生随老画师丁悚同来，与诸公一一寒暄。程漫郎不请自来，不知何故竟误认干兰荪（畏翁）为陈先生。此外，顾卧佛笔名大狂，擅相术，一名抱冰子。汪霆笔名关山月，其散文创作遍见于当时的大小报刊，却因年仅25岁，属于集友中的小字辈。

九届凤集办于4月末，入席者25人。董天野来得最早，于是大家请其画像，不到半小时得五六帧，画女说书金小天一帧最神似。

十届凤集6月3日举行，计到40余人，其中三位女性，为白玉薇、徐雪月和潘柳黛。

十一届凤集，因老凤录白玉薇为义女，移至7月2日星期日举行。

十二届凤集，适值一周年纪念，聚餐会预定8月10日星期四晚举办，新加入者，有高季琳（柯灵）、余太白，秋翁（平襟亚）亦以客人身份参加。当晚雷雨滂沱，犹到三桌半客人，白玉薇以小主人姿态出现，女宾共四人，为周鍊霞、潘柳黛、包五和名伶秦玉梅。

十三届凤集，于9月17日星期日午间举行，共四桌，菜由大加利承办。席间白玉薇赠予每位参与者一张万籁鸣拍摄的签名照片；平襟亚不甘落后，赠九月份《万象》一册，市场售价一百元。

十四届凤集，设于10月21日星期六晚七时，系高士满石家饭店承办。冷盆特丰。本届凤集，来宾赠品考究，以颜乐真《大考卷》横轴最为名贵，终为胡力更所得。而颜氏本人只摸得余尧坤（太白）携来的固本肥皂一块，不免哑然。

十五届凤集，原定11月18日举行，因时局关系（汪精卫去世），改为25日星期六晚七时聚餐，兼为白玉薇饯行。预定四席，扩至四席半，高朋如云。女弹词家范雪君应横云（张健帆）之邀，来佐余兴，唱昆曲《思凡》与《琴挑》各一支，某君吹笛伴奏，皆丝丝入扣。

凤集至此落幕。1945年1月8日，老凤在《力报》撰《关于凤集》一文，解释道：凤集为云集的后续，云集聚餐九次，凤集十五次。云集初创时，餐费每人仅15元，至1943年底，尚只有每人30元。到了凤集初创，每人征收百金还有剩余，此时的菜席600元已足够丰盛，不料一年多来，菜价飞涨，至十五届时，每人缴800元，犹不敷支配。尤其去年十二月，一月之间无论柴米菜席，均比十一月涨了一倍。凤集既无基金，又不愿任何人赞助，照目前市价，每人餐费非1500元至2000元不可。物力维艰，不如停办。2月4日，老凤又于同报撰《再谈凤集》，称停办有三大原因，一因酒菜太昂，二因份子太杂，三因总干事事冗。总之，就此作罢。

近来机缘巧合，又从丁悚先生次子丁一琛的哲嗣丁夏先生处，发现其收藏的一张原照，为丁悚旧藏，清晰度更高，保留细节亦更完善，遂知《海派作家人物志》里合影上题字的落款为"海煦题"，钤"宋大仁"三字篆书印。

最后，附上文中所提餐馆及特色菜简介：

知味观，初名"知味观杭菜馆"。1931年5月，由原址迁移至石路香粉弄（今福建中路、南京东路口），顾名思义，经营杭帮风

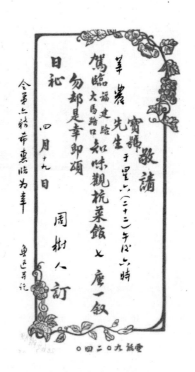

1933年4月19日，鲁迅邀姚克兄弟22日于知味观餐叙。请柬今藏于北京鲁迅博物馆

味菜，翻检1943年该馆所刊广告，菜品陆续推出：神仙肥鸭、西湖醋鱼、东坡焖肉、春笋步鱼、生爆鳝背、西湖莼菜、粉蒸肉、馄饨全鸡、砂锅鱼头、脆皮童鸡、杭州酱鸭、叉烧填鸭、十大砂锅等。

大雅楼、悦宾楼，前者初为镇江馆，后改川馆，时更易为京、川菜馆，开在汉口路253号；后者为京菜馆，位于湖北路215号。菜色无非鱼翅、烤鸭之类。

广州大饭店，坐落于泰山路534号（今淮海中路），巴黎大戏院

高士满石家饭
店开幕广告,《海报》
1944年10月12日

(今淮海电影院)东首。经理王雪尘,副经理韩兰根。经营上海风味。

大加利酒楼,1926年6月30日选址北京路813号(今北京东路)开业,为苏锡菜馆。据1957年版《上海名菜》,特色菜有:满园春苏、菜花塘鲤鱼片、刀鲚鱼、八宝桂鱼、西瓜盅、鲥鱼杰、莲蓬鸡、芙蓉蟹斗、奶油鲫鱼、开湖船鸭、母油船鸭、乳腐肉等。

高士满石家饭店,1944年双十节开幕,坐落于静安寺路577号(今南京西路)高士满舞厅。号称苏州木渎镇"原人原厨二十余人浩浩荡荡全体来沪"。当年的十大名菜是:天下第一菜(虾仁锅巴)、两虾豆腐、鸡油菜心、鲃肺元汤、美味酱方、嫩鸡骨酱、母油肥鸭、砂烂鱼头、元汤鲫鱼和元盅筋叶。

1937 年底，
上海公共租界和法租界在日占区的包围中孑立，如同孤岛。
被众多主妇追捧的《一星期经济菜单》，
仿佛战争阴云下的一缕微光，
向无数家庭传递着安定人心的力量。

上海"孤岛"时期的一份公共菜单

1935 年 5 月，周瘦鹃在主持《申报》"春秋"副刊时，曾辟"小食谱"，概将投稿中与吃食相关的散文，收在此专栏名下。两年以后的 1937 年 8 月初，日军图谋由海上进攻上海，为防不测，《申报》缩小篇幅，副刊全部停办。周氏每周一两次的上海之行被迫中断。8 月 13 日，第二次淞沪会战爆发，苏州亦受波及，城内遭到日军飞机轰炸。为躲战火，周瘦鹃举家迁移，先在浙江南浔住了三个月，上海陷落后又北上至安徽黟县南屏村。又过三个半月，局势趋稳，上海申报馆来函催他回沪，于是结束了历时半年多的避难生活。

1938年3月上旬，周氏一家抵沪，先暂住结拜兄弟张珍侯家里，后迁居忆定盘路（今江苏路）。因回来得稍迟，"春秋"副刊主编已为人庖代，《申报》经理马荫良于心不忍，便让该刊每周腾出两天给老友，从此主编"儿童"和"衣食住行"周刊。

1938年10月10日双十节，《申报》借美商之名在上海租界复刊。三天之后的13日星期四，"衣食住行"周刊正式创刊。创刊号上周瘦鹃拟有一篇《开场白》（署名编者），相当于发刊词，字里行间浸透着其本人亲历半年逃难生涯的所思所感，言辞沉痛，尤其是文中两首七绝中第一首后两句"买山归隐难如愿，人海依然忍辱来"，读来颇令人动容：

衣食住行，是人生的四大要件，缺一不可；只为人生少不了衣食住行，而天下从此多事了。

衣食住行，是世界最专制最残酷的魔王，永永支配着人们的一生，一些儿不肯放松。人们为了他生，为了他死；为了他出卖肉体，出卖灵魂；为了他出卖坚定的意志，出卖高贵的人格。

小自个人，大至国际，谁不是直接或间接的为了衣食住行，在那里相猜相忌，相争相杀。于是世界就变做了一个没有情感没有理智没有法纪的世界，再也盼不到安定下来的一天。

即以编者个人而论，自认是个弱者，接物待人，一向步步退让，决不愿和人争天夺地；就为顾及本身以及一家十口的衣食住行，无论干甚么事，不得不委曲求全，把自己的嶙峋傲骨，渐渐地消磨尽了。清夜扪心，总觉得为这万恶的衣食住行，未免牺牲太大；然而又有甚么法子，可以摆脱他的魔掌呢？百无聊赖之余，赋诗二绝，以鸣吾哀："烽火连年衣食尽，挽枪遍地万家哀。买山归隐难如愿，人海依然忍辱来。""十丈软红居不易，茫茫四顾欲何之。明知媚骨非吾有，遁迹深山恨已迟。"

可是话要说回来了：在人与人之间，原不妨步步退让，也不妨委曲求全。而在国与国之间，为了争全国的独立生存，为了争全民的衣食住行起见，那就非勇往直前，努力奋斗不可。

我们鉴于衣食住行的重要，有关于国计民生，因此有衣食住行周刊的发刊；愿大家共同来讨论，研究，改进。

自该周刊开辟的首日，即在版面的醒目位置发表"一星期经济菜单"，署名华英女士。此人身世未明，难以考实。1940年9月9日，她曾向读者透露称："我的丈夫是一个薪水阶级者，每月有二百元的收入，在这生活程度高昂的时期，要维持这八口之家，很不容易。"貌似吐露了实情。

爰将第一次的菜单，包括前言全文录出，从中可窥见作者与编者的关系密切：

　　"衣食住行"周刊的编者先生来向我说："每天为人事所困，常常动脑筋，已苦恼得够了；而每天早上，想今天买甚么东西下饭，既须经济，又要可口，想来想去，实在想不妥贴，觉得比做一篇文章，更来得困难；大概一般人都有同感吧。女士曾有十多年主妇的经验，华先生常在背后称赞您支配饮食，非常得当。因此在'衣食住行'发刊之初，想请您拟一张一星期的经济餐单以供读者们的采择，如蒙俞允，不胜感激之至。"我受命之下，不敢推却，姑来妄拟一张，八口之家午晚二餐，两荤两素，以每样两碗为度，要是自己上菜场采办的话，六七角钱尽够了。倘有人认为仍不经济，那么无论一荤一素或一荤二素，请自己斟酌增减吧。

（星期一）荠菜炒肉丝　红烧小鲫鱼　川菜线粉汤　边尖炒菜心

（星期二）青椒炒肉片　生煎小黄鱼　雪菜豆瓣沙　香干炒芹菜

（星期三）面拖蟹　白虾豆腐　绿豆芽　蓬蒿菜

（星期四）芹菜牛肉丝　清炖鲜带鱼　红烧洋山薯　金花菜

（星期五）油面筋嵌肉　茭白炒虾　香干炒刀豆　雪菜豆腐

（星期六）淡鱼干　烧肉　虾米蛋花汤　油条　黄豆芽　葱油萝卜丝

（星期日）韭芽肉丝　清炖刀鱼　烤毛豆　炒芹菜

华英女士《一星期经济菜单》

　　其行文显然带有上海方言俗语，某些措辞对于今人来说不甚规范。譬如"边尖"应为"扁尖"，即嫩笋干。"洋山薯"应即马铃薯。"淡鱼干"，据说就是晒干了的暴腌黄鱼。又见到以"经济"为名的菜单中竟包含刀鱼这一美味珍馐，亦不禁时移世易之叹。

　　菜单刊行之初，立时收到了欢迎。1938年10月27日，华英女士写道："过去的两星期，我借着一枝笔，替人家做管家婆，支配那一星期的饭菜，总算没有白费心思，因为我的亲戚朋友们，已有好多人家在照着我的菜单，配办他们每天的饭菜了。"更有甚者，近两年后的1940年9月2日，"由编者先生转来泗泾路协大实业公司杨性初先生的一封信"，对于本菜单大加赞美，说有多数主妇每逢星期一总要抢着看本刊，准备照着菜单配办饭菜。并提出合作事宜，可有三种形式："㊀纯卖你的菜单配料（以蔬菜为主）。㊁我们开爿经济星期饭店（也可备大鱼大肉）。㊂把前二项兼营。"华英女士答以一来才疏学浅，没有能力；二来身为主妇，忙于家务，便婉言谢绝了。

总之，接下来整整四年时间，"一星期经济菜单"几乎每周与读者尤其是主妇们相伴随，在快速获得认可的同时，关注度日益提升，作者与读者间互动不断，成了上海"孤岛"时期长盛不衰的品牌栏目。有道是："孤岛居，大不易。"正如名士钱士青撰七古头四句所称："一自烽火漫中原，孤岛避乱若桃源。人口骤增土地狭，衣食住行事事艰。"①不难推想，这一份菜单的设置想必经过编者周瘦鹃的深思熟虑，由其精心安排合适人选，最终效果良好，因为它恰好拿捏住了平民家庭主妇们的消费心理吧。而华英女士的文字平实中透着专业，又总是态度良好，想读者所想，急读者所急，能虚心接受读者意见或建议，估计也是其成功秘诀之一吧。

---

① 引自孙筹成《衣食住行四事吟》，《申报》1940年7月8日。

下面挑一些节令菜单，并与前言一齐录出，或可通古今之变。如有十分值得一谈的菜品及烹饪经验、诀窍之类，也特意挑出，以飨同好。

1938年12月1日，介绍冬令佳肴红烧羊肉的烧法，说是用红枣、萝卜同炖即可去膻味；下一周又从编者来信，推介其老友颍川先生处听来的特色菜红烧虾子面筋："只须普通的红烧，加了酱油猪油便把虾子和面筋一同下锅焖熟，上口时觉得很为腴美。"

再来看1939年春节前夕（2月16日，小年夜）的经济菜单：

光阴真像石火电光一般，过得飞快，一转眼又是农历的春节了。在这时期间，大家为了牢不可破的习俗，少不得又要大吃大喝一番。所以这春节简直可以说是一个大规模的季节，连我这菜单上的经济招牌，也免不得要打破了。但是国难未纾，哀鸿遍地，大家仍应顾到经济二字，可省的地方，还是节省一些；所以我本星期的菜单仍然顾到经济，不过稍为丰厚了些，而于星期六，星期日两天，来一个什景菊花锅，也算是点杀节景之意。至于菊花锅中的成分，可以伸缩，普通如肉圆，蛋饺，鱼片，肉片，胶菜，线粉等等，鱼圆自制很不合算，可以买现成的来用。今年鸡价奇费，二三斤的一头，就要三块多钱，可是春节似乎又少不了它，那么常年买二头，三头的，就买了一头来杀杀总算了。

（星期一）笋干红烧肉　胶菜炒糟鱼　清炒塌棵菜　醋溜银丝芥

（星期二）菜花炒肉丝　红烧塘鲤鱼　雪菜黄豆芽　海蜇萝卜丝

（星期三）荠菜炒鸡丝　咸肉豆腐汤　猪油炒菜心　麻酱拌水芹

（星期四）咖哩鸡丁　清炖鲫鱼　炒素十景　红烧萝卜

（星期五）豆苗杂脍汤　醋溜大黄鱼　猪肉炒二冬　红烧胶州菜

（星期六）什景菊花锅　香肠炒鸡蛋　虾子炒面筋　菠菜线粉汤

（星期日）菊花锅　炒鸡杂　炒菜心　黄豆芽

　　胶菜，又称胶州菜，指山东胶州产的大白菜。炒二冬，即冬笋片炒冬菇。为了照顾"经济"二字，她真是煞费苦心，然而春节期间，菜单里竟不见大鱼大肉登盘，多少还是让人有些扫兴的。

　　到了4月6日春初，介绍时鲜菜刀鱼的做法："春季鱼类中以刀鱼为最鲜嫩，无论清炖红烧都很可口，虽是细刺太多，但你只要当心一些，不会梗喉咙的，要是因为多刺而不吃，那未免太可惜了。镇江和扬州菜馆里出名的刀鱼面，也就是用刀鱼做的，你们倘曾吃过，定然赞不绝口，说是其鲜无比，但他们早就把大刺小刺，全部除去，鱼肉都在汤里，连看都看不见，也可见它的细与嫩了。"今天刀鱼实在难得，且聊备谈资吧。

5月18日，说是鲜猪肉停止供应，且看她如何辗转腾挪，想出变通之法：

这真是哪里说起，猪肉本来是我这菜单的一样基本荤菜，但是如今全市肉店为了主持正义，已完全停业了。不但欢喜吃肉的人受了一个莫大打击，就是本人这张菜单，也有苦于无从下笔之劳。也罢，鲜猪肉没得吃，就多吃些咸猪肉和牛肉吧。素菜方面，好在鲜蚕豆已渐渐可口起来，倒是一枝生力军，价钱比初上市时已便宜得多，大约四五分钱已可买一斤，十口之家，三四斤豆也可敷衍早晚两顿了。还有新上市的苋菜，也是素菜中一样美味，虽然每斤要三角左右，但是买几分钱放在黄鱼羹里，也可一快朵颐。黄鱼羹的制法，是将黄鱼炖熟出骨，将纯鱼肉和了苋菜、笋丁、豆瓣、香菌等一同白烧或红烧，略加菱粉就成了。鲥鱼虽是贵品，但是出两角可买一小块，只须筷下留情，也可以尝尝新哩。

（星期一）咖哩牛肉片 苋菜黄鱼羹 葱花鲜蚕豆 清炒鸡毛菜

（星期二）洋葱牛肉丝 糖醋煎带鱼 竹笋拌莴苣 雪菜烧豆腐

（星期三）番茄牛肉汤 红烧乌贼鱼 红烧卷心菜 葱油萝卜丝

（星期四）咸肉豆腐汤 青豆炒虾仁 雪菜黄豆芽 干丝蓬蒿菜

（星期五）火腿炒蛋 红烧鲫鱼 虾子面筋 清炒芥菜

（星期六）干切咸肉 清蒸鲥鱼 菠菜豆腐 炒绿豆芽

（星期日）炖鳅鱼 荷包蛋 鲜蚕豆 拌芹菜

下一周谈及水族的价位，可供有心人估算大致的比值："一角钱可买大黄鱼一尾，一角钱可买乌贼鱼五只，两角钱可买凤尾鱼一斤，四角钱可买鲥鱼一斤。"

6月16日，进入夏季，鸡肉价昂，华英女士推荐去较大的小菜场买一只鸡腿，一些生菜，回来切成丝，"把鸡丝炸一炸，生菜泡一泡，再加酱油与麻酱拌和，味儿是挺好的"。是为鸡丝拌生菜。其中"炸"字或作"焰"，古作"煠"，今简化作"炸"，民国时期"煠"与"炸"并用，故文中"煠"字不作简化。煠，指利用大量沸水将肉质较韧的食物在炉火上炊软炊熟的加工方法。

7月13日，介绍夏季名菜鲜荷叶粉蒸肉："将猪肉切成薄块，在上好酱油中多浸一会，然后蘸了糯米粉，用鲜荷叶切成方形，一一包裹起来，隔水蒸熟，吃起来清香可口，也不觉得肉的油腻。"

7月20日，前言是一则臭豆腐干简论，堪称美食随笔中的隽品，忍不住抄录于下：

到了夏天，似乎应当多吃些香的东西，才觉得合于卫生，说也奇怪，有许多人却偏喜吃臭的东西，最出锋头的，要算是臭豆腐干了。每到傍晚的时光，街头巷口，臭豆腐干的担子，络绎不绝，买的人也趋之若鹜，两块油汆的臭豆腐干，蘸些辣油辣酱，吃两碗茶淘饭下去，其味无穷。这臭豆腐干，不但小户人家爱吃，连洋房里老爷太太少爷奶奶以及摩登小姐之流，也大半爱吃。据说吾国驻法大使顾维钧氏也爱吃臭豆腐干，就足见它倒也是食谱中的俊物了。笔者一家老小也都爱吃此物，最初大孩子绝对不吃，说是有害卫生，不料近来也和姊妹同化，见了臭豆腐干，也要尝尝了。我们并不常吃担子上的油汆臭豆腐干，而买了生的来，自己汆来吃，除了生油、酱油、麻油、毛豆、笋末之外，再多加些糖，吃时的确可口。此外更在油汆之后，和着香菌木耳毛豆边尖等一同红烧，那就更觉入味了。

看来那时候就已经有臭豆腐不卫生的说法了。油汆，即油炸的意思。自己油炸，则可以避免摄入变质油脂。

8月份，进入盛夏，华英女士介绍多种冬瓜的制法，如冬瓜盅："买小冬瓜一个，去皮切去上部一小半，而以下面的大半只应用，把所有的瓤全部挖去，然后将火腿丁、肉丁、香菌、边尖、笋衣，和以盐、料酒少许一并放进去，倘再放些鸡杂鸭杂在内，那是更好。这一切手续做好之后，再把鲜荷叶一张（上海不易得鲜荷叶，可向药店购买），盖在上面，然后隔水清炖，炖到冬瓜酥透为止，吃起来十分鲜美，并且略带荷叶的清香，而汤汁之清隽，更不用说了。"

进入9月份，一连几周讨论如何烧蟹，诸如面拖蟹、青菜红烧蟹、肉丝炒蟹粉，还有蟹粉烧豆腐，后者煮法简单，不过要趁热吃，一冷就差得远，会带着蟹的腥味。

11月6日，天气渐冷，介绍一样特别厚味的菜黄豆红焖猪脚：猪脚洗净，"多加些糖和酱油（用冰糖更好），合着黄豆，放在锅子里，用文火尽着焖，焖了这么三四小时，猪脚一定可以酥了"。若想讲究一些，可以放些生栗子和生白果，更耐咀嚼。焖熟之后，"那汤汁又甜又腻，十分可口"。12月4日，入冬，华英女士提倡药补不如食补，"多吃维太命和滋养料丰富的肉类和菜蔬，譬如红烧羊肉和羊羔，番茄牛肉汤和洋葱炒牛肉丝，黄豆焖猪肉和菜心狮子头，湖葱烧豆腐菠菜豆腐汤油氽花生等"。

再来看看1940年1月1日元旦的菜单：

读者们吃了一年的经济菜，嘴里一定吃得很淡了；今天是民国二十九年元旦，应当吃得好一些，也算是苦中作乐，表示庆祝之意。所以我在今天规定两荤两素之外，主张再添四个碟子，和一个暖锅，请大家暂时忘了来日大难，来快快乐乐地吃一顿吧。那四个碟子，是松花皮蛋，虾米拌胶菜（加糖醋，爱辣的可加些辣油），油鸡与酱鸭这两样可买现成的。那暖锅本是十景性质，无论荤菜素菜，都可放进去，鱼片啊，蛋饺啊，肉圆啊，猪脚啊，线粉啊，胶菜啊，请各凭自己的胃口和经济力，随意增减好了。但是菠菜必不可少，随烫随吃，蘸些醋和酱油同吃，别有风味。

（星期一）菜心狮子头 炊糟青鱼片 红烧素十景 虾子炒面筋

（星期二）红烧羊肉片 糖醋煎带鱼 清炒塌棵菜 香菌烧豆腐

（星期三）洋葱牛肉丝 小虾炒百叶 红烧萝卜片 雪菜黄豆芽

（星期四）胶菜肉丝汤 粉皮鲢鱼头 湖葱烧豆腐 红烧卷心菜

（星期五）咖喱牛肉片 葱烤小鲫鱼 青菜炒线粉 粉皮京冬菜

（星期六）腌肉豆腐汤 清炖小鳊鱼 红烧笋干丝 葱油萝卜丝

（星期日）乳腐肉 煎黄鱼 绿豆芽 炒芹菜

荤素搭配妥帖，算是中规中矩吧。

转眼又到1940年春节期间（2月12日，年初五），这次特意提醒应怎样选线粉：

春节菜肴中，有一样东西占着很重要的地位，要算是线粉了。在平时所买的线粉，总是浸在水中的，而到了农历年终，就有线粉干出现于市上，大概大家小户，没有一家不备线粉干的吧；因为年肴中少不了一个火锅，而火锅中可就少不了线粉。说起线粉的代价，在战前不过二角钱一斤，而现在却已涨到一元有零，真是涨得吓人，只为火锅中少不了他，所以大家也不得不忍痛吃一吃了。线粉的本身，毫无滋味，全靠鲜汤来帮他的忙，除了下在火锅里之外，和别的荤菜似乎不大合得来，在素菜中，这么可和雪菜菠菜或青菜同炒，或者在熟油中氽黄之后，与面筋豆腐干一同红烧，此外就没有新花样了。线粉干以白色者为上，黄色的一经煮过，就烂糟糟的，不大适口。

（星期一）荤十景火锅　雪菜小黄鱼　糖醋拌胶菜　清炒塌棵菜

（星期二）红烧糟扣肉　蛤蜊鲫鱼汤　青菜炒线粉　油条炒笋干

（星期三）韭芽炒肉丝　红烧小鳜鱼　花菇炒冬笋　海蜇萝卜丝

（星期四）咖哩牛肉片　清蒸小鳊鱼　油条炒青菜　虾子炒面筋

（星期五）菜心狮子头　虾仁炒鸡蛋　红烧卷心菜　雪菜绿豆芽

（星期六）洋葱牛肉丝　糖醋煎带鱼　笋片炒荠菜　菠菜线粉汤

（星期日）烧羊肉　煮黄鱼　素十景　黄豆芽

5月13日，叹起苦经："今日之下，哪里还有便宜的东西"，"碰到了这种难关，真觉棘手，也只得我尽我心，专拣比较便宜些的东西买"，譬如乌贼，做法是买夹心肉切丝，和乌贼一同炒

炒。"要是仍嫌不经济，那么不用猪肉丝而以雪菜为代。"写尽寒酸
之气。

6月10日那天是端午节，前言中因菜价偏贵，顺带说及钟馗，
言辞很是幽默：

今天是农历五月五日习俗相沿的端午节，又是个吃的节日。俗
语说得好："买条黄鱼过端午。"所以端午节吃黄鱼，也是少不了
的。本来黄鱼的价格，比较的还算便宜；可是前两天因为已在节
边，鱼贩居奇，已抬了价，今天当然更要贵一些。可是因为节上少
不了它，也不得不忍痛吃一吃了。人口多的人家，买了一尾大黄鱼
来，切成二段，多加些咸菜，早一碗，夜一碗，已可敷衍过去。要
讲究一些，那么用醋溜糟溜两种做法，较为入味。要再讲究一些，
那么出骨做鱼羹，加火腿丁，竹笋丁，香菌片，苋菜，吃的时候，
略洒些胡椒末，自然可口。爱吃汤的，来一个火腿黄鱼片汤，是多
么的鲜味啊。至于其他荤素菜，节上无一不贵；然而又不能不吃。
世上倘是真有钟进士，我倒愿意看他吃小鬼呢。

（星期一）刀豆炒肉丝 糟溜黄鱼片 红烧卷心菜 雪菜绿豆芽

（星期二）洋葱牛肉丝 糖醋凤尾鱼 豆腐蓬蒿菜 笋衣线粉汤

（星期三）茭白炒肉片 清炖鲜鲞鱼 虾子炒面筋 干丝炒苋菜

（星期四）芹菜牛肉丝 百叶红烧虾 菠菜烧豆腐 油条黄豆芽

（星期五）腌肉冬瓜汤 红焖乌贼片 线粉小白菜 香椿拌豆腐

（星期六）番薯牛肉汤 苋菜黄鱼羹 粉皮京冬菜 葱油萝卜丝

（星期日）咖哩肉 煎带鱼 素十景 炒荠菜

　　自8月7日起，"衣食住行"周刊改在每星期一刊发，"一星期经济菜单"亦顺延。故前述本年9月2日读者杨性初来信，会说主妇们抢着看每星期一的这份菜单。

　　9月16日，中秋节：

　　今天是农历中秋节，有钱的人家，少不得要开筵赏月，五十元一百元的酒席，尽管大喝大嚼，满不在乎；但我们经济人家，虽逢佳节，也依旧要在经济上打算一下，所以我照例仍配两荤两素的菜。两色荤菜，一是青菜焖肉圆，一是鱼圆线粉汤，肉圆、鱼圆，便是象征今夜的明月，取其团圆之意。近来青菜已有大棵应市，虽未经霜，菜心已略带甜味，和肉圆一同红焖，更觉腴美可口。鱼圆自制，虽略觉麻烦，但看在佳节分上，也不妨麻烦一下。买白鱼一尾，将鱼肉刮下，用刀背剁细，加细盐与冷开水拌和，做成圆子，下在温开水中，然后与线粉一同烧熟。倘在剁鱼肉的时候，再将荸荠切成小丁子加入，吃时更耐咀嚼。汤用白汤，略加盐和味精，以取鲜味。

（星期一）青菜焖肉圆 鱼圆线粉汤 毛豆煤芋芳 红烧素十景

（星期二）黄豆芽牛肉 糖醋溜黄鱼 干丝炒苋菜 紫菜豆腐花

（星期三）荠菜炒肉丝 清炊蛤蜊汤 葱花煎芋芳 红烧冬瓜片

（星期四）番茄牛肉汤 咸鲞煎豆腐 甜酱炒扁豆 雪菜豆瓣沙

（星期五）肉末烧豆腐 百叶炒小虾 清炒蚕豆苗 面筋烧丝瓜

（星期六）洋葱牛肉丝 虾米紫菜汤 干丝金花菜 海蜇萝卜丝

（星期日）肉炖蛋 面拖蟹 炒青菜 绿豆芽

为了使读者试着精打细算，自制鱼圆，作者耐着性子解释了半天，诚可谓苦口婆心了。

10月7日那天，华英女士借回答读者来信提问，揭示"烹饪之道"，"不外煎炒烧炖煤炊拌七种，调味必须适中，不要太淡，太咸，太甜，太油腻"。

1941年1月13日，鉴于"这半年以来，米珠薪桂，百物飞涨，菜肴中无论荤的素的，也一样一样的升腾上去，哪一样东西可以加得上经济二字？"专栏名顺势改为"一星期家常菜单"。

这年2月3日（年初八）的家常菜单：

　　春节是一年中一个大吃特吃的季节，吃过年夜饭，接连新年酒，除了自己家里不算，还要到亲戚朋友们家里跑跑，到处总是大嚼，一阵子鱼啊，肉啊，鸡啊，鸭啊，吃得油腻腻的，这几天连胃口也吃倒了。为了调剂口味起见，我奉劝在这一星期间要多吃菜蔬等清淡的东西，好在这几天菜蔬的价格也特别便宜，油菜塌窠菜，每斤只须五分，菜剑每把只须三分，不但便宜而已，要是多用些油煮熟之后，也酥糯可口，真的不可不吃。若是无饭不吃荤的人，觉得吃素吃不惯，那么不妨将虾仁和油菜同炒，将肉丝和菜剑同炒，也总算吃吃小荤了。此外清炒银丝芥，糟卤黄豆芽，虾米拌胶菜，酱麻油辣白菜，也是多吃油腻之后调剂口味的恩物。

　　（星期一）韭芽炒肉丝 雪菜炖黄鱼 清炒塌窠菜 虾米拌胶菜

　　（星期二）菜剑炒肉丝 虾米蛋花汤 清炒银丝芥 菠菜烧豆腐

　　（星期三）菜花炒肉片 糖醋溜黄鱼 红烧萝卜片 糟卤黄豆芽

　　（星期四）炒鸡杂 煎带鱼 金花菜 辣白菜

　　（星期五）芹菜牛肉丝 蛤蜊鲍鱼汤 红烧素十景 干丝绿豆芽

　　（星期六）番薯牛肉丝 粉皮花鲢头 油菜炒线粉 麻酱拌水芹

　　（星期日）洋葱牛肉丝 油菜炒虾仁 红烧卷心菜 海蜇萝卜丝

　　这里解释了，春节期间应该多吃清淡食物，看来之前是错怪她了。所谓菜剑，参考秦荣光《上海县竹枝词·物产》里的注释，"一种乌菘，俗呼油菜，春撷其薹为菜剑"，今作菜苋，意为油菜在即将抽薹开花时的菜茎。

5月19日，特意提及鲥鱼的两种烧法，"不外清蒸和红烧两种"，其中以"清蒸为腴美"，蒸时"最好还要加些火腿片，并用网油包裹"。颇有点举重若轻的样子。

她曾多次谈及苜蓿（金花菜，俗称草头）。9月1日称新草头上市，家里已吃过两次，一次是肉圆生煸，"煸"字写成左火右乏，解释称"这一个字是笔者杜造的，音边，与砭字同"。另一次是做素的，"加了豆腐干丝一同生煸，油要用得重，并须略加白酒"。

9月29日，又将届中秋：

光阴过得太快，本星期日就是中秋节了。在富人们的家庭里，当着明夜团圆之夜，一定要置酒高会，共庆团圆，而在普通的家庭里，不免要吃得好一些，尤其少不了一样芋艿煤毛豆，似乎没有芋艿煤毛豆就不能算过中秋似的。这两样东西，都富于维他命，吃了既应节景，于身体上也不无裨益。芋艿不去皮，但必须煤透，毛豆不必去荚，但必须煤酥，煤时只须加些盐在内，不用酱油。消化力强的人，不妨多吃一些，害胃病的还是以少吃为妙。星期日菜单中的"芋煤豆"即是芋艿煤毛豆的简称。

（星期一） 肉末烧豆腐 虾米蛋花汤 红烧卷心菜 雪菜绿豆芽

（星期二） 薯泥牛肉饼 醋溜黄鱼片 甜酱炒扁豆 素油豆腐汤

（星期三） 茭白炒肉丝 清炖鲫鱼汤 青菜炒线粉 葱花豆瓣沙

（星期四） 洋葱牛肉丝 咸鲞烧豆腐 生煸金花菜 油条黄豆芽

（星期五） 风肉萝卜汤 百叶红烧虾 虾子炒面筋 丝瓜烧豆腐

（星期六） 蟹粉狮子头 糖醋煎带鱼 红烧素十景 麻酱拌蓬蒿

（星期日） 栗子鸡 烧鱼头 菠菜汤 芋艿豆

其中"煸"字，依旧是左火右乏。此前，她还介绍过一种金花菜的"荤的做法"："以与较肥的猪肉合在一起，最为相宜；先将肉切成大块子，入锅红焖，焖得烂了，然后将金花菜生炒，垫在肉底，肉油渗透了，吃起来很为腴美。倘将猪肉和金花菜同焖，原无不可，不过色彩就差一些；所以最好猪肉自管红焖，金花菜自管生炒，那么红绿相映，看在眼里，也能增加你的食欲。"这里若将红焖猪肉换成红烧圈子，那就是一道草头圈子啦，是今日上海本帮菜里的绝品。

11月3日，进入深秋，无肠公子出风头。女士重弹与其花大价钱吃大煤蟹，不如买小蟹剥肉炒蟹粉的老调："剥得一浅碗蟹粉再加些蛋花和韭芽等在内，就可以分作两碗，供日夜餐之需了，所以我在经济立场上提倡吃炒蟹粉，而不主张吃大煤蟹。"下一周，又推荐蟹粉豆腐羹、蟹粉炒青菜、蟹粉炒线粉、蟹粉炒荠菜等菜品，誓将经济节约进行到底。次年11月1日，她态度不变，继续推荐蟹粉炒蛋、蟹粉炒菜心、蟹粉面等几种做法，说这样一来，总算"应了景，杀了饥"。种种方法，说到底体现了乱世中的平民百姓，又想吃好，又想吃饱的矛盾心理吧。

12月1日，提及"猪肠，又名圈子，老正兴馆的炒圈子，是颇有名的，爱吃肥腴的人，往往趋之若鹜"。女士提醒，"必须洗得特别清净才是"，并介绍"肠的做法，可红烧，亦可白炖。红烧的如要讲究，可在圈子里塞些糯米或肉末虾仁之类；须烧得酥透，才觉入味。白炖须用糟卤，再加些咸白菜冬笋片在内，吃起来津津有味，可说是下饭的妙品"。

最后，来看看1942年2月23日（年初九）的家常菜单：

春节照例是一个吃喝的季节，虽在这米珠薪桂期间，民不聊生，而得天独厚经济富裕的人家，依然是羊羔美酒，海味山珍，吃了年夜饭，再来财神酒，尽量的大吃大喝，这几天也许吃得太油腻了吧。笔者借箸代筹，今天特来配几式清鲜的菜，作为春节的小小供献：㈠绿豆芽麻酱拌鸡丝；㈡韭芽肉丝滴醋拌蛋皮；㈢露香瓜卤虾米炖鸡蛋；㈣元蛤清蒸鲫鱼汤；㈤鲜雪菜炒冬笋片；㈥边尖木耳豆腐花；㈦糖醋拌胶州菜；㈧冬菇笋衣线粉汤，荤素各四色，吃荤吃素，悉听尊便。

（星期一）肉丝拌蛋皮 雪菜蒸黄鱼 笋衣线粉汤 醋溜胶州菜

（星期二）洋葱牛肉丝 糖醋煎带鱼 干丝炒芹菜 海蜇萝卜丝

（星期三）肉圆焖青菜 酱麻油蚶子 荠菜炒笋片 虾子炒面筋

（星期四）白菜牛肉汤 粉皮烧白鱼 青菜炒线粉 油条黄豆芽

（星期五）腌肉豆腐汤 虾米炖鸡蛋 雪菜炒冬笋 生煸金花菜

（星期六）银芽拌鸡丝 元蛤鲫鱼汤 红烧素十景 麻酱拌水芹

（星期日）十景锅 糟青鱼 炒塌菜 炒萝卜

8月9日，以回答读者提问的形式，告知牛尾汤和乡下人汤的制法："上星期有一位读者王平甫君来函问起牛尾汤和乡下人汤的制法，这两样本来都是西餐中的名件，家常菜中是没有的。然而要做来吃，也未尝不可：牛尾汤先将牛尾切成小块子，加以上好酱油，然后将切小的番茄一同下锅煤酥；乡下人汤，就是十景蔬菜汤的别名，可将卷心菜，红萝卜，生菜，番茄等物切成细条子，一并用酱油红煤，倘要吃荤的，可以加些鸡丝或牛肉丝在内，若要西洋风味，那就非加牛油不可，现在牛油不易得，还是省省吧。"

1942年11月15日，为这一系列菜单实际上的最末一篇，称

"大鱼大肉都已贵得吓人，青菜虽贵，到底还比较的便宜些"，进入深秋季节，青菜"无论做荤的做素的，都觉甘美"。倘要省去别的菜肴，那么可以下面，或做菜饭，不过糖和油都不能省，"明天又得难为你去轧些糖轧些油来了。唉！"此时上海沦陷已近一年，华英女士的"一星期家常菜单"也在唉声叹气中结束了它的使命。

在上海"小报状元"唐大郎的笔下，
吃饭不单为满足口腹之欲，
更有诙谐之趣、文化之味、友人之情和时代之思。

"江南第一枝笔"唐大郎谈吃

唐大郎自20世纪30年代即叱咤新闻界，有着"江南第一枝笔"的美誉，堪称业界中流砥柱式人物。1946年8月1日版《海派作家人物志》里，他被评为"小型报发展史上的一枝生力军，凭着才气与幽默，他的身边随笔与诗为读者深深倾倒"。尤其是1954年起，他还受邀以"刘郎"笔名为香港《大公报》撰写名为"唱江南"的旧体诗专栏，曾得到周恩来总理的夸赞，称"刘郎写的诗我很喜欢"，"唱江南乃是有良心有才华的爱国主义诗篇"云云。总之，由于长期浸淫报界，又兼友朋遍天下，唐大郎常以其旺盛精力，舞动生花妙笔，娴熟而持续地记录着旧上海的几十年风貌，咂摸其饮食经历中所透露的种种细节，可以读出不少实相。

唐大郎旧照

首先，来看看唐大郎笔下吃过的中西餐馆，体会一下他的感受。

1933年3月，唐大郎甫从银行离职，入职东方日报社为文艺版编辑。4月19日，他以"香客"笔名在该报撰《桃园之汤饼殊晏》一文，文体精悍，内容有些滑稽：

有祥麟洋行买办宗君，近育一子，大前日开汤饼宴于四马路桃园酒家，客来甚众，岂知入席之后，桃园每半小时上一菜，主人以上菜太慢，令其加速，而其慢如故，主人憾之，及至上第三道菜后，忽久无消息，主人大愠，促之，侍者状殊局促，又良久，始有一侍者告主人曰：桃园将停业，客所需之菜，不及俱备，至止矣。众客闻言，大哗，俱起身而去，主人大窘，亟为客请罪，且重责桃园，不应开此玩笑。闻桃园电话线已剪断，生财皆典押一空，虽经营不远，而生涯寥落，故一穷至于彻骨也。

由于这是唐大郎以报人身份参与的最早的饮宴活动，故在此全文录出。显然这次经历令人尴尬，或许也折射出1933年上海的情形，前一年日军轰炸闸北，造成极大的恐慌，商业环境尚未恢复，菜馆即便开在热闹的四马路（今福州路），照样很难成功。

1934年9月7日，唐大郎记录前日的一次盛宴（《胜宴记》），是龚之方"集友好二十人"在会宾楼宴客，"来宾有丁慕琴先生父子外，导演郑应时与严梦、大晚报崔万秋、晨报陆小洛、高季琳、漫画家胡考、摄影师张缠六、桃花太子严华、中华日报唐瑜及听潮、蝶衣、溢芳、云裳，而女宾则有新华歌星叶英、周璇、徐健、虞华、明星胡笳、明月黎明健、白虹，一时有裾屐翩迁之盛"。其中高季琳就是日后大名鼎鼎的散文家柯灵。又，会宾楼是一家京菜馆，开在三马路（汉口路）254号半，严独鹤称此地"为伶界之势力范围，伶人宴客，十九必在会宾楼，酒菜亦甚佳。特宴集者若非伶人而为生客，即不免减色耳"。挺可信。

转眼来到1935年，唐大郎已在《铁报》辟有专栏"涓涓集"。

涓涓者，谓其文字简短而持续不断。在10月19日，唐大郎先是点评三民船菜"制馔之糟，不能过是。余吃三民菜四五次，坏极，几至不可入口"。并与诸文友品评上海菜馆的优劣，称"有人盛称东兴楼之好，其实东兴楼正不能天天好，有时碰得巧，则吃着好小菜矣"，并补充道："无论如何吃法，而觉得菜终颠扑不破者，上海只有一家，则陶乐春也。"看来号称鲁菜魁首的东兴楼由于出品不稳定受到了唐大郎的诟病，而开在汉口路241号的陶乐春却是上海老牌川菜馆中的佼佼者，以一道贵妃鸡脍炙人口，可惜这么好的馆子却在1940年3月息业清盘。

1936年，唐大郎声名日隆。4月初，他在《铁报》"郎虎随便写"专栏抱怨"连吃十五天整席酒肴，大感痛苦"，似暗示自己地位之高，惜未及详写，只略提天津大公报社来开沪版，社长胡政之、主编张季鸾有招宴之举。至1937年上半年，唐大郎宴饮机会更多，如3月24日《铁报》载四川商店经理李勋甫招饮，地点选在蜀腴川菜馆，唐大郎所记不及吃食，特将席间的玩笑话记于报端。3月24日，胡雄飞四十寿辰，定宴席于一品香大厅。两三天后，唐大郎分别记有零星见闻，提及席间的文娱表演，一为程笑亭、江笑笑搭档表演的独脚戏，一为张素兰与朱国梁合唱苏滩《扦脚做亲》。到底是文化人办寿宴，较之普通百姓，不知要有趣多少倍。4月6日，唐大郎又有饭局，在南京路、广西路口的天天饭店，为票友龚兆熊接办

锦江饭店旧照

原金兰饭店，本年2月2日开幕。那次由经理龚氏亲自招待，礼遇有加。翻检当时广告，该店聘请北平、四川、济南、维扬菜名厨，以天下名菜、名点为号召。小吃是维扬面点，特色菜有几种砂锅菜，砂锅鳖头、砂锅万年、砂锅西施、砂锅酥腰以及贵妃子鸡、香酥肥鸭之类为招牌菜，口味浓郁。唐大郎对席间一道入口即化的鱿鱼卷赞不绝口。4月15日，友人沈秋雁在有着"闽菜之冠"称号的小有天招宴，席间一道炒鳝片赢得唐大郎称誉，称其不弱于陶乐春的菜品。5月12日，唐大郎抱怨"上馆子亦诚一难事，今日风味绝好，明日来则远不逮昨日"，并以粤菜馆锦江饭店为例，说某次中饭味道很好，但最近两次都不可口。结论是菜馆中颠扑不破的，唯有陶乐春一家。至这年的6月、7月，大郎写过沪西的丽娃栗妲村夜花园以及星社的聚餐会等情形，但同样寥寥数笔，兴趣多在人而不在吃。

然而快乐的时光总是很短暂，很快全面抗战来临，民族危亡之际，唐大郎义愤填膺，写下许多抗战主题的诗与文。从此谈吃文稀见，记入食肆进餐时，亦兼谈战事进展。1938年初，唐大郎在一篇随笔中提及潮州馆子醉乐园，"屡过其门，颇多佳味"，严格说来，同样志不在吃，而是回忆起去年夏天剧评家郑过宜返里时，他与陈灵犀在此为他饯行，当时说在桂子香时，将重来沪上，却因战事陡发"阻于行旅"，只能默默感念。好在岁暮之际，已与故人重聚。年关将近，唐大郎还常有急景凋年之叹，此前并不多见。好在这年筵席还是有的，有的办在家里，如朱凤蔚度49岁生日，至友百余人共聚一堂，招了五六班曲艺家表演，热闹非凡。唐大郎事后还写了一首七律，中有"休伤离乱且纾眉"句，亦哀叹时局不靖。3月初，大郎友人冯梦云、毛子佩在都城舞厅楼上创办一家茶室，取名京城，雇用扬州庖厨，"肴肉四方，干丝一碟"，纯纯的江都风味，令人食指大动。4月初，毛在京城茶室宴请周邦俊、许晓初二位老板，大郎自此与之结识。这年2月16日淮扬菜馆绿杨村在静安寺路（今南京西路）763号办分店，6月时浙绍金同春杏舫酒坊也开始在此沽酒，5月末老板请大郎及其友人在那边试吃，七个人共喝二十斤黄酒，"而敦槃之盛，风味之精，叹为海上淮扬菜肆中，以此为最"。这天大郎兴致超高，还赋诗一首："黄家沙畔绿杨村，坐客如云醉玉樽。长忆淮扬风味美，何人到此不销魂？"8月11日大郎又提及两家移设沪上的无锡菜馆山景园与大三星食堂，称后者一开始开在望平街附近，今春有人在此招饭，唐大郎与醉芳（导演桑弧）对其中一道告化鸡褒奖有加。然而最近又有朋友在此招宴，则告化鸡与之前的味道迥异，颜色黝黑，味道竟与五香鸽子相类，令人十分遗憾。至1940年2月下旬，唐大郎更在《云裳日记》中总结说，当大三星还叫三星食堂时，余空我曾约他与邓粪翁、李培林、陈灵犀等午饭，当时吃的告化鸡"风味之胜，至今不忘"。

1939年，唐大郎分别在貂蝉食品公司、同兴楼、大华饭店、蜀腴川菜馆、知味观、大西洋、天天饭店、新利查、复盛居、人和馆等多地参与宴会酬酢，其间的美味如杭州知味观的件儿肉、东坡肉，曾令大郎食指大动，却因胃纳不足，不敢多吃。也因时局不佳，为节约起见，在报人杭石君、卡尔登戏院经理周翼华、老画师丁悚及银行家黄雨斋等人的家宴中出席。其中黄雨斋的家宴颇值一提：新居名为冷雨草舍，在石路（今福建中路）的汇中里，当晚叫了天香楼的杭州菜，醋熘鱼一味绝美，唐大郎重尝珍馐，大快朵颐之余，"不胜湖山如梦之悲"。8月初，毛子佩与陈蝶衣合办的《小

大华饭店旧照

说日报》将问世，请至友在聚丰园聚餐，共四席，唐大郎借此与周持平（小舟）、程漫郎等人相识。中秋前一日，为丁慕琴夫妇八旬双寿，则将寿宴放在家里，调来徐德兴的潮州菜，风味不恶。饭后，众人大唱京剧，王唯我开锣，继而唐大郎唱《追韩信》，后有报界同人王雪尘、汤修梅、吴观蠡、余尧坤、何海生等人，次第而歌，卡尔登戏院经理周翼华操琴，皆大欢喜。10月初，提及周世勋自从新都饭店开门后，请他在此吃过两回，大郎对大厅里设置的玻璃电台有所微词，称坐在玻璃电台前，饭菜好不好不去说它，唯受播音声干扰，实"不可健饭"。11月13日，唐大郎继续谈论潮州菜馆醉乐园与徐德兴的优劣，称后者"在打狗桥之一条支巷中，其布置略如本地馆"，两家的菜，唐大郎以为都甚可口。又称前晚陈灵犀请姚肇第律师在徐德兴吃饭，灵犀说，汕头芋艿因不能运沪，

"故今年之潮州暖锅，及甜芋艿都不及往年之可口，盖皆用本地芋艿为替，本地芋艿便不及潮州芋艿之入口香松也"。此外，11月时唐大郎还与朋友们一道，在卡尔登戏院的翼楼设宴为天厂居士吴性栽祖饯，因居士食素，故菜品来自戏院隔壁的功德林蔬事处。功德林的素斋唐大郎吃过好多次，等他在1940年6月尝过吉祥寺的素席之后，有了比较，遂评价"吉祥寺素菜之美，为海上第一，功德林远逊其风味"。

1940年，《云裳日记》里的宴饮记录更是达到惊人程度，简直日日有之，使人取舍为难。挑几则要紧的宴席拉杂谈之。1月中旬，曾赴京华酒家、国际饭店，分别与海派京剧大师周信芳、昆曲家俞振飞同席。1月下旬，又赴胡梯维设于春华楼的筵席，与友人们庆祝话剧《雷雨》成功公演。4月12日晚间，唐大郎与姚肇第在大西洋西菜社夜饭，吃了煎明虾、烟鲳鱼及炸鸡腿各一客，很舒服。近一月后，又在此处进食，则吃铁排鲥鱼、干炸童子鸡，鲥鱼不甚佳，唯金必多浓汤，颇适口。这道浓汤，为上海晋隆和大西洋西菜社的创新西餐，定名为"金必多"，容有迎合食客之意。后又经蕾茜饭店的名厨加以改进，使之色香味更臻完美。翻阅近年来的菜谱，这道浓汤的主料是由奶油汤、牛奶、浓鸡汤构成，并放入一些鸡丝、鱼翅、鲍鱼、火腿、蘑菇进一步提鲜，烧成后洁白如玉，味鲜爽滑，回味无穷。而在20世纪30年代它刚发明时，曾留有如下记载："大西洋菜社流行一种'金必多'浓汤，法以鸡约十头，煨诸大镬，别以大器，煮蔬菜、鸡丝、洋蘑菇之属，临时和菜汤诸鲜品为一，羼以奶油，盛之银碗。其味之佳，比布施汤（引者按：此即俄式牛肉蔬菜浓汤），殆若过之，客往往一啖致尽两碗，如薛笃弼诸君皆然。张竞生博士，近著食谱，此汤不可不一尝试也。"[1]

7月下旬，大郎还与王引、王元龙、沈遂耕等人同饭于大西洋，这次吃童子鸡半只、金必多汤一碗，再加六小姐饭半盆。六小姐饭名称怪异，却其来有自。据知情者俞逸芬在《六小姐饭考》一文中回忆，"六小姐饭"这一名号兴起于"民廿三四年之间"，与名妓梅影老六有关。此人"双瞳绝巨，眉目颐辅"，貌似畹华（梅兰芳）。其味道实际上与什锦饭差别不大，据说是用蛋与干贝丝相拌，加上辣酱、卷心菜等制成。再回溯至1935年1月25日《时代日报》，见到小报才子卢溢芳以"波罗"笔名写的《记六小姐饭》，对其由来记之甚详："新华影业公司，以所演《红羊豪侠传》摄制成功，于日前假大西洋餐社，招宴报界。其最后之一道，曰'六小姐饭'，饭与虾仁蛋饭略异，而所加作料殊多，食之而鲜美，各记者均甚满意，惟不悉其命名出典之所在，因询之于该社招待者杨老虫，杨曰：大西洋本无此饭，此饭乃系名花梅影老六所发明，一次六小

---

① 《记金必多浓汤》，《晶报》1934年5月9日。

姐来，命侍者以虾仁蛋饭参以己意，制成一饭，食之而甘。自后每至，辄索此饭，侍者亦恒令庖人如法泡制以献，然恐其偶有遗忘，因即号此饭曰'六小姐饭'。积久，其名渐渐为外人称道，而索食此饭亦渐多矣。记者闻之，尽以一饭之微，而其间乃有如此出典，亦足称洋场一桩韵事；故近来客有餐于大西洋者，咸告人曰：我们今天吃六小姐去云。"

8月中旬，当美华酒楼开幕的次日，创办者李祖莱招友人在此聚餐，那天"食客云集，治肴精绝"。次年3月，唐大郎评价美华之所以远胜红棉、京华、新华等几家，是因为位置好，"门口临于斜桥弄、静安寺路和青海路三条路上，气势显得非常雄伟"。11月，大郎记另一家新开张的又一邨食品公司，在大光明之西，侍者称"其肆纯仿五味斋，有火锅，则又仿雪园之鸡肉锅，用洋葱胡葱烧矣，顾为味远不逮雪园"。总之并不高明。

1941年度，唐大郎依次食于康生菜社、净土庵、美华、金门酒店、东亚酒楼、来喜饭店、惠尔康、吉祥寺、福致饭店、大东酒楼、咖喱饭店、雪园等多处。其中，康生卖意大利大菜，有一道馄饨，仆欧说是意国名菜，但其形状与中国的馄饨一般无二，唐大郎很不以为然。雪园的鸡肉、牛肉锅，脍炙人口，甚至当该年年末，其他餐肆均门庭冷落时，该地生意依然不错。本年，大郎也应邀分别在黄雨斋、袁帅南、丁慕琴、韩志成、姚肇第及秋翁（平襟亚）

等各界名流的寓邸赴宴，理由各异，此处不赘。其中袁家治闽菜，有一碟珠蚶（亦作"海瓜子"），"尤有奇味"。而秋翁家宴，"菜都是秋嫂亲手制成的，甲鱼煨肉，我把甲鱼吃得最多，听说这是补品，所以多吃几筷，省得吃鱼肝油，或者陈阿膏（阿胶）"。

1942年，随着前一年末太平洋战争爆发，上海已彻底成为沦陷区，商业形势进一步萧条，反映在唐大郎笔下亦有所见。如1月初，唐大郎就食于著名的锦江餐室，此地以前生涯鼎盛，侍者对于食客并不优礼，届此市面萧条之际，唐大郎发现，"侍者的面孔，似不若以前难看，及付小账时，且以笑靥相呈"。元宵节之夜，唐大郎再度在锦江晚膳，膳后归来，"长街如墨"，以前灯火通明的景象不见了，此情此景令人感慨，遂赋诗一首："何来灯火接黄昏？每遇良辰总断魂！行过长街三十里，从知孤岛似孤村。"3月上旬，唐大郎方始与诸友同饭，宾朋满座，有不少电影界导演、演员，选址霞飞路的华府饭店，"华府之冷盆奇丰，而腌猪脚尤脍炙人口，予啖冷盆与明虾后，猪脚竟不能再沾唇，量亦窄矣"。3月下旬的某晚，唐大郎在正兴馆夜饭，发现饭是不知哪年的陈大米，显然因战争影响，上海饭店受到不小的冲击。无独有偶，4月17日，大郎的朋友吴鹤云在国际饭店举行婚礼，"国际之蛋糕与三明治，几无不以六谷粉为原料"，且即便如此粗粝，每客也要卖16元之多。5月下旬，唐大郎与夫人步入亚尔培路（今陕西南路）上的祥生饭店，经

国际大饭店菜单（张荐茗先生藏）

营者是昔日祥生汽车公司的周祥生，由于汽油成了战略物资，汽车公司无以为继，辄做小生意，听说开张以后，周且自任招待，不辞辛苦，十分难得。唐大郎吃"祥生炒饭，附一牛肉汤，妇则咖喱鸡饭，亦附一汤，无不可口，然所值不过二十金"，所谓"富贵不淫贫贱乐，男儿到此是英雄"，唐大郎不由自发地为这小小的饭店作义务宣传。6月上旬，唐大郎偶赴静安寺，那边有爿荣康酒家，布置华美，但坐定之后，唐大郎发现"其玻璃板下之桌衣，则垢腻厚积，而侍者之号衣，亦胥染垢痕，望之令人搁箸"。不免议论道，类似这些新辟的食肆，亟待改革，理应"效法新雅、京华，不惜人工，长司洗扫，否则亦当如老式饭店之将碗箸之属，入碱水中冲涤，即食桌亦用碱水冲洗，其具陈旧，而能纤尘不染，可以使顾客安心进食"。7月初，《海报》社长金雄白在杏花楼设宴，上了几道菜，主人频频摇头，说这里毕竟已落伍，本想烧烧冷灶，试过才知冷灶烧不起来。但唐大郎尝过之后，却有打抱不平之意，称"杏花楼之菜，不如红棉、京华之善弄花巧，容或有之，若言味逊他家，亦嫌逾分"。7月中旬，龚之方邀饭于雪园，约唐世昌一齐，有素肴四，"一冷盆为素鹅，一热炒为鞭笋炒冬菇，一菘菜炒百叶，加毛豆子，一汤则煮干丝也。无非美味，而尤以菘菜为清香可口，又荤肴若干件，如煮童鸡、干菜烧肉，皆鲜腴可食"。8月，唐大郎感激朋友们在一个月内，请他在国际饭店吃了四次夜饭，且没有一次要

杏花楼旧照

他会钞，但他始终觉得那里的大菜，价贵而物不美，于是改到十三层楼的餐室（按，即锦江饭店北楼）去，在唐大郎看来，此处与国际饭店一样是"崇楼巨厦，没有寸许厚的地毯，没有舞池，没有音乐，没有邓国庆的表演，这是比国际不同的地方，但布置之宏丽，实在也无逊于国际饭店，好处是餐价公道，卖酒便宜，而滋味也比国际好得多"。9月12日，大郎在《东方日报》"怀素楼缀语"专栏，对最近吃食店兴衰留下第一手观察："我们常常看见新雅、新都等菜馆，天天挤得坐不下人，以为上海市面真是繁荣，吃食店无处不是门庭若市，谁知据我最近观察，方知吃食店生意之好，不过是一小部分，非特一小部分，简直只是有数的几家，譬如打南京路说，新雅因为地方好，菜好，价钱又公道，所以食客都争先恐后地去作

新都饭店
碟子（张荐茗
先生藏）

成他们生意，新都是卖一个新，地方也华贵，但菜肴精美的东亚，就冷清清地远不如新雅、新都。东亚生意冷落，大东、新新，不必再说，至于红棉一系的几家，据说近来也大非昔比，南华无论什么时候，都有空闲的房间，最凄惨的昨夜，我应秦瘦鸥兄的邀约，在大三星吃饭，将近八时前往，从楼下到三楼只有两桌人在那里吃饭，堂倌出空了身体，无所事事，从大三星出来，望望咖喱饭店与大西洋，无不灯光黯淡，方知上海市面，已在日就凋零了。"

12月初，有人请唐大郎在金谷饭店吃饭，是西菜中吃，竹筷用一次即废，就像日式火锅。"果盘改为冷盘，而山鸡一味最适之，乃如中菜之沙锅，量多而热可炙唇。"且色香味俱备，并兼顾营养，故此唐大郎特别推荐。

1943年，市面有所恢复，便有人接盘老店重新装修开幕。元旦日，黄金大戏院的经理张伯铭与人接办新利查西菜社，将里外改建一新，发来请柬，不过唐大郎因连日困惫，并未成行。后来有一次到新利查，那里人满为患，比大西洋兴旺得多。究其原因，唐大郎以为上海人喜新厌旧，大西洋设施陈旧，故顾客为之裹足。7月下旬，唐大郎提及伟达饭店附近有一家红房子西菜馆，"此间售价绝昂，而治肴绝佳"，那晚唐大郎品尝牛肉丝饭，称"隽美不可仿佛"。本年7月，当局发命令，沪上酒菜馆禁售米饭，引起唐大郎的恐慌。某天午夜两顿都在新雅，吃到第三顿，已叫苦不迭，第四顿，简直不能下咽，那夜唐大郎回去盛了两碗冷饭，泡开水、肉松、大头菜，吃进肚里，"真觉得是生平没有尝过的佳味"。9月初，唐大郎分别去过正兴馆、福致饭店、又一邨，这几家虽都有饭可吃，福致饭店的咖喱鸡饭尚可，又一邨很糟糕，肴馔不可口。11月17日，开在静安寺路（今南京西路）由大郎友人姚绍华经营的雪园食品公司与山东路上的老正兴馆的老板夏顺庆合作，办起雪园老正兴馆，"从此雪园饭菜，悉售老正兴馆之饭菜，而雪园固有之名肴，如各式火锅，扬式点心，仍不废除"。堪称强强联手，合众家之长，令沪西人士免于跋涉之劳，大郎也在各报积极宣传，热闹非凡。12月下旬，唐大郎提及华龙路（今雁荡路）上一家湖北菜馆黄鹤楼，起初开在金神父路（今瑞金二路）花园坊外，菜色辛辣，点菜时告

新雅菜谱封面（张荐茗先生藏）

侍者轻辣，孰料鹦鹉鸡一味，"入口至唇不能合，舌亦为麻，同行者大怨"，诘问侍者，侍者答曰："要吃湖北菜，就是这个味道！"

老正兴馆广告，《申报》1943年11月17日

1944年，唐大郎在笔下分别提及湖南菜馆得味馆、胜阳楼、新开幕的广州酒家、潮州菜馆文园、梅龙镇酒家、二马路大新街的正兴馆、国际饭店18、19层楼的云楼，以及宁波味圃和石家饭店，等等。末两家值得介绍：石家饭店，为孙克仁聘来沪上，开在高士满舞厅内。宁波味圃为李贤影将花园酒楼收束后，请宁波沁社的佳厨来此，果然食客群趋，生涯日新月异。有趣的是，"菜属甬味，而花园设备，未易旧观，若桌上杯皿之属，一仍粤菜时代之旧物，而乐工犹弹奏于客座间，其情调从并不谐和中，颇见妙趣"。次年此地又改川菜，招牌改为蜀云小餐，一道棒棒鸡，大郎称善，但因厨房未上轨道，出菜太慢，容

易令食客倒胃口。

1945年为"二战"最末一年，吃食店普遍没落。譬如新雅粤菜馆为状殊惨，以前生意可做到十四五成，"食客皆伫立楼梯下之会客处"等候。但近来其营业额只及两三成，令人扼腕。然而1944年8月1日开幕的高档酒店云楼生涯依旧鼎盛，其最大的主顾是新闻界两大豪客金雄白与陈彬龢。前者常在此广宴宾客，当被问及为何吃不厌，金答称与云楼的执事者产生了情感。笔者认为，更大的理由也许是他与汪伪当局尤其是掌握财政大权的周佛海关系密切，手里的钞票大有取之不尽、用之不竭之概。

从1945年4月起至抗战胜利后的那几年，唐大郎在友人的资助与支持下陆续创办《光化日报》（后改名《光复日报》）、《海风》、《七日谈》、《大家》等刊物，成了老板后，便不再孜孜矻矻于爬格子生涯，也因此美食文章日益稀见。1946年8月、9月大郎多次提及坐落于戈登路（今江宁路）65号的上海酒楼，以前为赌窟，后改酒楼，售川菜，主持者中有福建人王信和，为20年前海上舞场业巨擘。金石书画家朱尔贞女士也为经营者之一，故有时亦照料其间。10月上旬，大郎提及新开的五层楼酒家，耗资逾五亿元，为远东第一大酒家，董事长包诚德，为远东商业储蓄银行的董事，经理陈国霖，是从前新雅的侍者，此人有才干，为包擘画周详。10月下旬，大郎提及上海经营川菜馆的三位女士，锦江的董竹君、梅龙镇的吴湄和上海酒楼的朱蕴青，又称近来南海花园饭店亦将聘请缪孟媖女士为经理，此人不是旁人，乃是话剧、电影演员韦伟小姐。1947年2月，他又提及新近改组的湘菜馆九如酒家，请来郁钟馥女士为经理，郁女士曾主持西摩路（今陕西北路）的金山饭店，为人亢爽，善饮，能百杯不醉。除此之外，郁女士还是经济学家于光远（原名郁钟正）的大妹。1948年1月中旬，大郎与朋友们在岭海楼吃夜饭，吃着一只菜，汕头人称之为扁鱼，桑弧、之方都觉得好吃，福建人胡桂庚是内行，他揭秘说扁鱼就是比目鱼。冷面滑稽的大郎于是接话说，"在天愿为比翼鸟，在水愿为比目鱼"。6月下旬，大郎撰《酒食征逐》一文，感叹天天在外面吃饭，久之成为苦事，"西菜不爱吃，吃来吃去，总是锦江、洁而精、雪园、凯歌归、新雅这几个地方，既吃，又觉吃得并不舒服，有一天，早些回家，吃一顿夜饭，家里的小菜，也许一天所用，还不够外面点一只菜，可是那天单凭一碗毛豆煮青菜，就叫我送了两碗饭下去"。读到此处，顿兴千帆过尽、一蓑烟雨任平生之感。1949年2月开年，大郎先后去过三次馆子，冰清水冷，一派凄凉景象，因百物上涨，酒菜馆涨得最凶。于是外面"劈硬柴"（犹今之"AA制"）之风大炽，但全上海终究没几个人顶得住的。6月上旬，上海的酒菜馆无复门庭若市之盛，前述几位经营食肆的女将们，都在筹备合作办一家大规模的食堂。

中华人民共和国成立初期，大郎依旧活跃于上海与香港两地的新闻界。1954年起，大郎在香港《大公报》续写"高唐散记"，5月下旬，他以过来人身份撰《吃在本地》，叙述对象为开在十六铺的本地菜馆德兴馆，那天几个人恭贺孙景路和乔奇新婚，挑德兴馆聚餐，大郎点了三个冷盘，是白切肉、蚶子、油爆虾；又点了四个热菜，扣三丝、油豆腐线粉鸡、红烧甲鱼和烧秃肺。大郎自信满满，称自己点的"都是德兴馆几只颠扑不破的名菜，其中尤以冷盘的白切肉，热菜的扣三丝和油豆腐鸡为最好。这只鸡的烧法我认为是超盖一切的。我吃过香港大同酒家的脆皮鸡，好是好，但上海廖九记烧得一样好，甚至陕西南路的美心酒家，烧出来也没有什么两样，惟有德兴馆的油豆腐鸡，似我这样一个好吃的主顾，还没有吃到第二份"。

以上大致概括了唐大郎在民国时期近二十年的美食经历。相较而言，由于交游遍及全市，其中不乏学贯中西的租界律师、进出口富商，故或许更值一提的是他为数不多的若干次在外国人办的餐馆里的饮食经历。这里挑几则有趣的故事，略加申说。

1937年4月初的晚上，唐大郎与友人同赴文监师路（今塘沽路）上的新月御料理店，屋内陈设都为日本式，入内，有老妇人相迎至梯畔，换拖鞋上三楼一室，入室又脱拖鞋走在榻榻米上。室内灯光幽美，两人盘膝坐下，与女侍用简单的英文交谈，吃牛肉与鸡，侍者就在边上调味，味道虽好，但与中国菜区别不大，唯一的特色是米饭甚为甘香。且店里的下女态度恭敬，他们出门时，她们跪在梯畔请晚安，而主持烹调的女侍更是亲自礼送至街沿，令中国客人略感不适。同年5月中旬，记北四川路之奇美西菜馆，为一美国人所设，此人性悭吝，唐大郎从友人某君口中得知此人的两件逸事，一次是西安事变顺利解决后，某君恰在奇美吃饭，门外鞭炮齐鸣，热闹非凡，这美国人乃欣然与之握手说此事值得庆贺，便取来啤酒，两人干了一瓶，某心中不大高兴，认为既是你向我祝贺，却要我请客，道理讲不通嘛。等下一次，正值英皇加冕，他又赴奇美，亦与那美国人握手，说英国大典，我为足下贺，心说这回你该请客了吧，谁知他沉思片刻，答道：英皇加冕与美国无关，没什么可祝贺的啊。某君大笑。

1938年8月上旬，唐大郎谈及前夜陈灵犀忽然想吃罗宋汤，于是驱车至巴黎大戏院（今淮海中路550号），这里有家老店，是罗宋大菜的最先发明人，唐大郎说，这家店有股生腥气使其吃了倒胃口，建议另觅一家，但往西寻了半天，直到国泰电影院（今淮海中路870号）也未能如愿，于是只得折返，重新进店，花八角钱点了两客，一汤两菜，还算可口。这家俄菜馆，或指位于巴黎大戏院楼上的倍加得利，"其菜有特殊风味，点心尤佳，餐时并有音乐跳舞等助兴，馆内布置绝精，四周张以紫罗色之绸幔，倍觉幽雅"。当时深受国人青睐,"嗜之者日众"。①

1939年11月初,大郎先是受邀去同宝泰酒店喝酒,但因事迟到,遂同两位友人坐车去霞飞路上卖俄国菜的复兴饭店,结果特别间里没人,几个人没法点菜,只得退出来,友人提议仍吃俄国菜,便一同踱到圣母院路口(今瑞金一路)一家药房的楼上,那里座客很多,女侍者不通英语,于是费了一番周折后,点了几份公司菜,每客二元,当时室内有人演奏钢琴,声音特大而不太入调,令大郎头痛,周翼华更是干脆放下筷子不吃了,又有一人,奏小提琴,一曲奏罢,座客纷纷鼓掌表示赞美之意,大郎则回头看看周翼华说:"异方之乐,只令人悲。"起初试图让侍者阻止他们奏乐,因看到有别的客人称美,便不敢去说,怕引起公愤。"菜以炸鸡为美,汤尚不恶",律师姚肇第却说这里的菜不及复兴,坐了约一小时,华人顾客就他们四人,遂醒悟这边菜果然不适合华人脾胃。离开时,发现楼梯上每两级放置一盆菊花,"五色缤纷,殊饶雅艳",也就"神怡气适"了。②

1942年8月下旬,大郎同之方两人在南京路一家只有外国名字的菜馆里吃饭,那里也是座客如云,与新雅一样,迟去的人要坐在几张沙发上等吃,楼下客满,只得去三楼,见有一位秃顶的外国人

① 茉《记倍加得利》,《上海画报》1930年第643期。
② 唐僧《怀素楼缀语·异方之乐》,《东方日报》1939年11月7日。

在弹钢琴，引起唐大郎讨厌。点了一道没有中国名字的客饭，价格偏贵，端上来的竟是一方比寻常大三倍的煎猪排和一小碗饭。肉很新鲜，虽有点老，倒也耐人咀嚼。

再者，唐大郎笔下的餐馆老板或是从业人员，也有几位大可一谈。

1938年6月上旬，唐大郎提及一家原来开在四川路的曾满记，称其数月前，迁到静安寺路，已一变作风，不专门做小吃，而开售广东名菜了。又听广东朋友说："曾满记主人，初来沪时，贫不自聊，即就街前设一食品摊，久之，渐有积蓄，始辟为小店，而生涯日趋腾发，才有今日之局，亦劳苦中来也。"这虽是耳食之谈但其可信度想来并不低。

1938年6月中旬，唐大郎对前一年开办天天饭店的龚兆熊的尊师之举给予褒奖，他写道，龚某早年游于侠林，其师傅是报人易立人的父亲，几天前两人同在宁波同乡会看戏，恰好遇见，一番寒暄后，龚慨然表示照顾之意，于是请他来饭店当内账房，待遇优厚。

前文提及大西洋的招待"杨老虫"，又称"洋老虫"，以言辞便给、趋奉灵敏著称。其人体肥，姓杨，名劳仲；故杨老虫云云，乃是谐音。1936年10月8日，唐大郎在《世界晨报》的专栏"某甲散记"里，留下一首七言绝句："大西洋本怕登楼，抱定初衷不应酬。愁听杨劳仲笑道，三媛近日更风流。"唐大郎注曰："杨劳仲，大西洋之侍者也。"1940年秋，杨因病辞世。次年2月，半年多未去大西洋的唐大郎再度光顾，立时发现光景有异，即杨老虫已不知何时谢世。他写道："在上海外头跑跑的朋友，杨劳仲没有人不认识他的，他一年到头嘴里向大少爷、大班、老太爷、老板喊下来，居然也颇有积蓄，把自己的少爷也栽培到大学读书，可是他终于不寿，今日到此，真有'老虫不知何处去，此地空作大西洋'之感。"

而与姚绍华合作的雪园老正兴馆的经理夏顺庆，年少而有干才，他脑筋不如一般正兴馆老板的陈旧，能与新型食品公司合作，也为着这个原因。"所有的堂倌，都是夏君的部下，他们虽然有宾主之间，但和睦得似手足一样，什么事都来问过小开（指夏君），一个堂倌，着的一身新号衣，嫌得太紧，也来请教小开，设法补救，这一幕看在眼里，觉得他们真亲如家人父子。"[①]

此外，唐大郎曾亲口说过，生平不好请人吃饭，是故他人要他请吃饭，便以"怪癖"二字代之。这里反其道而行之，抄录一则散文家何为笔下的《一餐难忘》，虽是戋戋小事，亦可见出大郎的行事风格，尽此知人论世之谈。

　　上海解放后一个深秋的日子，我途经南京东路慈淑大楼，顺便

①　《侍者与堂倌》，《大上海报》1943年11月18日。

去探望在《亦报》编辑部的唐大郎。我和大郎相识多年，但并无深交，只知道此公的旧体诗功力很深，解放前驰名报界，有"江南第一枝笔"之称。为人豪放洒脱，急公好义，广结人缘，文学艺术界和新闻出版界，圈内圈外，各方人士，都有交往。

那天在报社编辑部坐了一会，快近晌午，大郎留我同到大楼近处，在一家著名的本帮餐馆用膳。当年，朋友间同上馆子吃顿便饭原是很平常的。

那次点的菜有一盆生爆鳝背，是我生平吃过的最有特色的上海菜之一。很大的一只腰形盘子，满满一盆油光闪亮的活杀炒黄鳝，缀以红白相间的火腿丝如嫩鸡丝，淋浇小磨麻油，洒上胡椒粉，香味扑鼻，令人食指大动。

大郎说："小心烫嘴。"

原来此菜端上桌面时，并无丝毫热气，恰如闽菜中的名点猪油芋泥一样，看上去形似冷盘，其实烫得足以嘴唇起泡。大郎细心，先关照一下。

可惜那天我因旧疾复发未愈，病恹恹的，胃纳不佳，未能大快朵颐，只是勉强动几筷而已。但是那色香味俱佳的生爆鳝背，至今犹历历在目。一餐难忘，难忘的是故人那份情谊。

在最饥饿年代相伴的食物，
如同最困窘的时候走近的人，
难以忘却也难以再现。

阿拉的白月光
——上海泡饭的百年传奇

《繁花》的热播，让泡饭就此成为外地朋友们心目中上海最有代表性的食物。更由此对泡饭充满好奇，纷纷发问，泡饭是隔夜饭用开水泡热配榨菜吃吗，北方人也这么吃剩饭的呀。不就是"拿水泡剩下的米饭"，有啥不一样的吗？上海人为什么这么爱泡饭？

难怪外地朋友诧异，其实泡饭并非是上海的特产。最初泡饭也并非是开水泡饭的代名词。吃泡饭的历史始于哪个年代各有说法，在《宋元语言词典》中把"水饭"释意为"泡饭"，而"水饭"可能诞生于五代。五代南唐刘崇远《金华子·杂篇》有这样的文字："郑渗姊谓弟曰：'我未及餐，尔可且点心。'止于水饭数匙。"至少可以由此肯定泡饭的历史比上海开埠史长。

翻阅地方志，就会发现泡饭在各地还有不同的存在形式。长白山下的朝鲜族酒后用狗肉汤泡饭吃。达斡尔族用挤下的生奶子泡饭。吉林省有的地方用猪油掺酱油泡饭。新茶泡饭清香爽口，是土家族、苗族汉子、老人饮食方式之一，至今受到人们的喜爱，甚至还有"好喝不过白毛尖，好吃不过茶泡饭"的俗语。在墨江哈尼族中都出现"七月犁田，鸡汤泡饭；八月犁田，米汤泡饭；九月犁田，清汤泡饭。人哄地皮，地哄肚皮"这样的记载。可见，在中华大食谱里介于干饭和稀粥之间的泡饭，是广泛存在的。但是具体到时代、地域、贫富，就是各有特色、丰俭由人了。

在古代历史上，泡饭还出现在皇帝的宴席中。陆游《老学庵笔记》里记录的一份南宋皇帝宴请金国使者的菜单上亦有"水饭"。水饭，配着咸豉、旋鲊、瓜姜一应小菜，听起来就是南宋版的豪华"宝总泡饭"。到了清代，根据清宫御膳的原始档案，乾隆的膳单里亦常有肉丝烫饭和老米水膳这些升级版的泡饭。到了同治时期，曾国藩在日记中写道："奉派入坤宁宫吃肉，进肉丝泡饭一碗。"这或许是胙肉的进阶吃法了。

让外地朋友们尤为困惑的是，为什么泡饭有这么多种类，而上海人独独把"开水泡饭"视为心目中的"白月光"呢？

那些食材丰富、味道颇美、亮眼华丽的泡饭，都不是寻常上海人家心中的那碗泡饭。在上海人的食谱中，泡饭的定义很简单：隔夜冷饭，加热水煮一下，或者干脆就用开水泡一下即食。讲究一点的是要按照从宁波传来的方式泡饭，若要泡的好吃，也是要花一番功夫的。宁波人回忆地道宁波泡饭的做法，虽然日常，但也颇有讲究。旧时没有冰箱，隔夜的冷饭，容易变馊，宁波人会把吃剩的饭倒入竹篮，吊在灶梁头顶，或挂在窗口通风处过夜，以防剩饭变馊。吊过的剩饭，风干了一些水分，做成泡饭后，表面黏，内里糯，米粒光滑，如珠似玉，已臻内外兼修之境界，趁热啜上一口，饭粒会自动往喉咙里滑，只有尝过之人，才深有体会。①

关于上海人什么时候开始吃泡饭，有一个说法是："上海人吃泡饭是受了江苏、浙江人的影响。20世纪30年代，来自江浙一带的产业工人为了早上准点上班，他们就把家乡最省时省事的早饭形式——泡饭带到了上海，一些公司职员和三轮车夫喜欢将剩饭放水淘几下煮开，呼啦呼啦喝下一碗，既饱了肚子，又暖了身子，久而久之，一代又一代上海人就有了吃泡饭的习惯。"其实上海人吃泡饭的时间，比这个要更早。1905年的《申报》在《万世立论宝贵谷米说》一文中就出现"饭泡粥"一词了。文中写道："长者最好烧饭食余剩仍可烫饭，倘内有一人喜饭泡粥，开水一冲也可，不过少

---

① 柴隆《宁波老味道》，宁波出版社2016年版，第114页。

费肴馔，然早辰亦甚省。"①此处说的"饭泡粥"就是指泡饭。1914年的《上海指南》中，沪苏方言纪要中将"闲话多仔饭泡粥"解释为："闲话，言语也。饭自饭，粥自粥，以饭泡粥，则既不成饭，又不成粥，喻人之语多无用也。"②同样的"闲话多仔饭泡粥"的解释也出现在《清稗类钞·方言类》的"苏州方言"中。另一种说法认为，沪语中"饭"与"烦"，"粥"与"捉"（无理死缠着某件事而纠缠不清之义，又写成"作"）谐音，"饭泡粥"即既烦又捉的意思，如"某人讨厌得很，简直就是一个'饭泡粥'"。

有人从这些方言中读出了上海人对泡饭的一个潜台词——"嫌弃"。没错，吃泡饭并不是上海人的主动性选择。早些年，上海流行喝粥。1858年时，沪上已有经营广东粥品的店肆。到了1929年，上海已有287家粥店。③上海人亦知道喝粥养胃，泡饭伤胃。《申报》则会一直提醒"每届夏令以茶或冷水泡饭却有无穷之害"。给小学生的指导丛书中也写道："吃饭时不宜用开水溶饭或用汤泡饭。"④

开水泡饭在上海扎根，源于艰难岁月中的节省。抗日战争爆发后，上海沦陷成为"孤岛"，米和柴都成为稀罕之物。那时，日本

---

① 《万世立论宝贵谷米说》，《申报》1905年3月23日第13版。
② 商务印书馆编译所编《上海指南》，1914年出版印行。
③ 《上海市统计》，商务印书馆1933年版。
④ 顾锦藻编《新编小朋友升学指导》，春江书局1936年版。

人配给市民的只有碎米，里面掺杂许多沙子。杨绛在《我们仨》中也曾回忆过这段日子。

　　只说柴和米，就大非易事。日本人分配给市民吃的面粉是黑的，筛去杂质，还是麸皮居半；分配的米，只是粞，中间还杂有白的、黄的、黑的沙子。黑沙子还容易挑出来，黄白沙子，杂在粞里，只好用镊子挑拣。听到沿街有卖米的，不论多贵，也得赶紧买。当时上海流行的歌："粪车是我们的报晓鸡，多少的声音都从它起，前门叫卖菜，后门叫卖米。"随就接上一句叫卖声："大米要吗？"（读如："杜米要哦？"）大米不嫌多。因为吃糠不能过活。但大米不能生吃，而煤厂总推没货。好容易有煤球了，要求送三百斤，只肯送二百斤。我们的竹篦子煤筐里也只能盛二百斤。有时煤球里掺和的泥太多，烧不着；有时煤球里掺和的煤灰多，太松，一着就过。如有卖木柴的，卖钢炭的，都不能错过。有一次煤厂送了三百斤煤末子，我视为至宝。[①]

　　在这种缺煤少米的生活中，还有什么比泡饭更能成全艰苦岁月中的美味和体面？《申报》记载："涨的厉害的，要算是煤球了，

---

① 杨绛《我们仨》，生活·读书·新知三联书店2003年版，第115—116页。

由十元狂跳到一倍左右，真是大家都很忧虑。因为一个家庭哪一天可以少得掉用煤，所以我们该尽量节约用煤。笔者现在已每天改为只煮一次中饭，把饭特别煮得多，夜饭就拿中午吃剩的饭，加冲开水吃泡饭，这样可以减少一顿煮饭的用煤。这样本来一天生火到晚的煤球炉，现在只中午生一次，省掉了用煤量的十分之六左右。"①除了节省煤球，开水泡饭还能节省粮食。在那个食品匮乏的年代，吃泡饭是最能节省粮食的方法，是骗饱肚子的良策，一碗饭加水一烧，就能膨胀出许多汤汤水水。除了省米省菜，泡饭还省时间，不像稀饭要小火慢慢"熬"。说到底，省时间就意味着省燃料，水一滚就可以上桌。汤是汤，米是米，清清爽爽。

回忆里那个时候天天吃"泡饭"，好像永远吃不厌。其实，这是民国时期贫困生活的真实写照，也是人世间大多数人艰难度日的印记。正如，1931年上海工联会有一则宣传材料写道："水泡饭，小菜冷冰冰，豆腐黄酱难下咽，哎哟哟，难下咽。"②

顾铨在回忆父亲顾均正的"孤岛"岁月时，也提到了泡饭的伴随。让他永志不忘的不是泡饭的滋味，而是一家人在泡饭陪伴下共渡难关的时刻。

---

① 《节约经验谈》，《申报》1941年6月2日第11版。
② 《上海工联会宣传材料——烟厂工友道情（一九三一年）》，来自中央档案馆编《江苏革命历史文件汇集·群团文件1930年8月—1934年》，第295页。

　　1937年8月13日，抗日战争爆发，上海沦陷成为孤岛，开明书店编辑部全部撤退，重要稿件、纸张，遭日寇拦截，全部损失。父亲只得留在上海，全家八九口人，靠每月30元的生活费真是没法过。爸爸不得不利用下班后的时间拼命写文章，有时一夜不睡。这就是每天清晨起床时，留在我们孩子们脑海中，永志不忘的——爸爸的背影。一碗泡饭几根咸菜，是我们的早餐。[①]

　　是艰难的时势，令泡饭显得美味。曾住在四明村里鲁迅先生的儿子周海婴回忆："抗战时上海黑市米要比市价贵很多倍，但是又不得不买，实在是吃不饱肚子，当时日常有咸菜泡饭吃已属美味佳肴了。"

　　自此，一碗隔夜饭，一壶热开水，几碟小菜，简简单单的一顿泡饭却在上海人的心里有着无法替代的地位。泡饭，遭过冷落嫌弃，经历过"荒年混饱"，抚慰过艰难的岁月，又在富足时光成为不舍的追忆。走过岁月，套上怀旧的滤镜，慢慢走出历史，走进文学。自此，泡饭又上另一层境界，成为上海这座城市的饮食文化基因。

------

　　① 顾均正《和平的梦》，湖南教育出版社1999年版，第292页。

百搭的年糕来到海纳百川的上海，
开始了中西融合的创意搭配。

民国上海年糕的 CP 历史

　　借着大热剧《繁花》中排骨年糕的热度，一直无怨无悔做好配角的年糕，也走入大众视线。自江南年糕踏足上海，它便以其百搭的特性，与各式美味和谐相融。在民国时期的上海，年糕的搭配不仅有我们熟悉的桂花、玫瑰、猪油，还有排骨、毛蟹、八宝辣酱，甚至连巧克力、奶油香草都能与之相遇。从小小的年糕 CP 历史里，可以感受到上海极大的吸纳能力。这座由周边移民构筑、面向大海的城市，始终怀揣开放的心态，对于各种口味，不断进行改良、融合，最终形成了自己的海派特色。

　　说起上海年糕搭配历史，最早出现的还是和白糖或红糖搭配的糖年糕。糖年糕因为好吃，又有"年年高升"好口彩，是上海过年时的旧俗。《川沙县志》记载："大年初一，早晨吃枣子茶、糖圆、糖年糕。"《马陆志》也写道："年初一早上吃糖小团子和糖年糕。"
方志中记载的糖年糕是苏州年糕的代表。根据资料记载，苏式年糕
在上海的历史要比宁波年糕久远得多。

清人张春华《沪城岁时衢歌》唱道："家家抟粉制年糕，仿款
苏台岁逐高，入肆恍如秋八月，桂花香细染寒袍。"可见，道光年
间上海城里做苏州年糕已经很是普遍。苏州年糕抟粉时要和入白糖
或红糖，要木杵用劲地槌，做成年糕方长不一，有红白两色。八月
桂花盛开的时节采来储藏，冬天打年糕时，将桂花点缀在上，芳香
四溢，甚至只是走过糕肆花香就会留在衣袖上。

至光、宣年间，年糕已不再仅仅是馈岁之品，而是成为精致的
点心。若穿越回1893年的上海，徜徉于四马路，走进锦泰昌，你
会发现不少当年的时尚点心。这家店铺以官礼蜜饯、进呈糖果和玫
瑰瓜子而闻名。在这里，您可以品尝到一份独具风味的猪油玫瑰
年糕。①《清稗类钞·饮食类下》有记载，这种猪油玫瑰年糕"其甜
者，则为猪油夹沙而加以桂花、玫瑰花，可蒸食"。这款年糕，将
猪油的醇厚与桂花、玫瑰的芬芳完美融合，蒸制后更是香气四溢，
甜美可口，吃一口就可以感受到旧时上海的繁华与雅致。

---

① 《老店锦泰昌告白》，《新闻报》1893年11月14日第7版。

上海人吃宁波水磨年糕较苏州糖年糕要晚。清末民国，大量宁波人涌入上海，也带来了宁波年糕。后来宁波人变成了上海人，宁波商人成了上海最重要的商帮之一，而"百搭"的宁波年糕在年糕市场上占了上风，成为上海味道。"宁波年糕白如雪，久浸不坏最坚洁。炒糕汤糕味各佳，吃在口中糯滴滴。苏州红白制年糕，供桌高陈贺岁朝。不及宁波糕味爽，太甜太腻太乌糟。"①

宁波年糕进入上海后，在蓝维蔼路老德行弄口，也就是后来成为"鲜得来"的小店里，与百年黄金搭档排骨相遇。西式的炸猪排和江南的年糕，看似不搭界的食材，从此共置一碟，成就了口味上的互补定律。"鲜得来"就是大热剧《繁花》里汪小姐和宝总经常光顾的那家店的原型，也是上海最出名的排骨年糕店之一。这家店最早可追溯至1921年，据记载何世德在蓝维蔼路老德行弄口（今西藏南路177弄口）设摊经营西点。②最初是向中法学堂的学生老师们兜售面包牛奶，结果口味不合，生意冷淡。为扭转经营情况，何世德以用酱油调味卤制的卤年糕为基础，自创排骨年糕，和烘鱿鱼一起在摊位售卖。

最初的排骨年糕与现在不甚相同，何世德只是把排骨与年糕放

---

① 顽《营业写真：做宁波年糕》（附图），《图画日报》1909年第161期。

② 上海通志编纂委员会编《上海通志》第4册，上海社会科学院出版社2005年版，第2807页。

入卤汤中一同炖煮，并无炸制，出锅后一块红烧大排配两条小年糕，物美价廉，一经推出便广受欢迎。后来，何世德又对做法进行了改良，改煮为炸，香气更加吸引人。根据沈嘉禄从何老板儿子那里打听到的秘诀，最重要的在于排骨的处理、两次炸制以及特制的酱料。具体方法特为读者记录如下：

一斤排骨斩九块，大骨斩断，再稍微拍松，留一点肥肉，否则不腴。面粉与生粉按比例投放，里面加入鸡蛋、酱油、糖、胡椒粉等，打成浆后，将排骨投入拌匀待用。油锅升至五成，将排骨投入，断生后捞出沥油，等油温升至八成时将排骨再炸一次，此时排骨的颜色就更深一层了。这两次入锅，保证了排骨的外脆里嫩。装盆后淋辣酱油，我试过，以梅林黄牌最佳。再加两条年糕，年糕表面涂自制的酱料，这也是商家秘密，甜面酱稀释一下，加入果酱（最好是山楂酱）与味精提味。①

旧时，沪上排骨年糕其实还有另一种做法，是由江苏常州人董林根开设的小常州排骨年糕，摊位在今四川中路汉口路福州路之间。与鲜得来排骨抹上一层面粉再油炸不同的是小常州采用的是标

---

① 沈嘉禄《上海老味道》（第3版），上海文化出版社2017年版，第311页。

准的常州红烧大排做法。而搭配的排骨出自常州、无锡的猪肉。这个猪肉品种颇有来头，是清代初年，常州府培育出的太湖猪，是传统时代中国地方猪品系中最为优秀的品种之一。当时江南最好的饭店中销售的排骨也大都以常州、无锡猪肉作为卖点。也许正是由于这个原因，小常州排骨年糕被誉为"排骨大王"，当时滑稽名家姚慕双、周柏春和《新闻报》《大公报》一些著名记者，经常去吃。①

关于年糕如何搭配上了巧克力，还是要从1906年前后，一名来自广东佛山的小伙子——冼冠生，来上海谋生说起。当时他先在表亲创办的竹生居打工，后陆续办过冠香、陶陶居两爿饮食店，可惜均半途失利。直到1918年在南京路创办冠生园，在新世界商柜主卖结汁牛肉干，生意很快做大。1923年冠生园改组为股份有限公司，从事大规模生产，产品不断创新，各类糖果、饼干、西点、面包、罐头食品、果子酱、果子露，以及应时食品如端午粽子、中秋月饼、松糕等，共有上千种。

其中最特别的，当属冠生园的新式年糕。这些将巧克力、香草、奶油和年糕放在一起的中西组合，在当年还颇具爱国情怀。郑正秋在《申报》谈及冠生园时认为舶来糖果的甜蜜，味道本质上是"送金钱与外人"，长此以往，经济不断受到压迫就"甜尽苦来"

---

① 周三金《上海老菜馆》，上海辞书出版社2008年版，第285页。

冠生园年糕果盘广告，《新闻报本埠附刊》1935 年 1 月 30 日

了。① 冼冠生观察到，自鸦片战争以后，我国门户大开，致使大量舶来品的涌入，造成了"无地不有舶来品，无人不用舶来品"② 的现象，这会对我国的国民经济造成巨大的影响，实质上是一种变相的经济侵略。他觉得，我国地大物博，农产品丰裕，结合自身的产物来制作真正的良心国产货物才是真正的提倡国货。中国制造的食品不但要都是中国的原料，还要具有中国的特征。故而，冠生园技术

① 《郑正秋先生之甜蜜谈》，《申报》1931 年 12 月 7 日第 11 版。

② 冼冠生《以国产制国食可以强国》，《商业杂志》1929 年第 4 卷第 12 期。

人员积极研发巧格力（巧克力）、香草、奶油、莲蓉、蛋黄、五仁、猪油百果年糕以供国人选择，也就并不意外了。

冠生园的新式年糕向广大顾客打出"品质年年改良、花式年年翻新、色味年年进步、价格年年便宜"的广告。为了提高新式年糕的知名度，冠生园还在《申报》《新闻报》《时报》《大公报》（上海版）等上海销售量较高的报刊杂志上连续刊登了几百篇年糕广告，用广泛撒网的大手笔，不断引流，增进客户黏稠度。此外还有各种意想不到的促销活动。如1935年春节期间冠生园还在其漕河泾农场发起梅花大会参观活动，只要购买冠生园年糕果盘超过一洋元即可获赠参观券。冠生园凭借着这样成熟的商业化思路为新式年糕开辟出一条成功的坦途。

年糕组成一道道海派风情平民美食，有西风东渐的沪上风范，有本帮菜浓油赤酱的传统，最终在时代变迁下形成鲜明的上海印记，温暖了阖家肠胃，成就了无数江南人的乡愁滋味。

老照片，是记忆与遗忘交织的见证。

解读老照片，是立足现在与历史对话，

也是一次穿透时光迷雾的冒险。

从一张老照片看民国社会底层的"被幸福"，

找回那个时代原本的声音。

民国时期的上海"大闸蟹自由"，
有图有真相？

农历九月，阳澄湖大闸蟹如期上市。同样如期而至的是网上流传的一张黑白老照片和一种说法："1945年，上海贫困家庭的穷人靠吃大闸蟹艰难度日。"有人对此作出"解释"："那时候大闸蟹比大米都便宜。"还有网友评价："讲真，民国时期的上海，条件真心还蛮好的咧！"更有网友因此感叹，自己的经济水平还赶不上1945年的上海贫困家庭。

这张黑白照片是不是真的？出自哪里？照片是否能说明民国上海贫困家庭实现阳澄湖大闸蟹自由呢？真相到底可能是怎样的呢？

民国时期吃大闸蟹
的小男孩

照片是真的吗？真照片配假解读！

经笔者检索这个配上"1945年，上海贫困家庭的穷人靠吃大闸蟹艰难度日"的照片，最早出现在2011年的论坛。当年就引爆于网络，让不少人发出想要回到民国吃大闸蟹的感叹。此后，每年中秋节前都会出现类似信息。

根据北青报记者在调查中发现，这张照片出自美国摄影师沃特·阿鲁法特之手。"二战"期间他服役于美国海军，并跟随海军驱逐舰联络船于1945年10月12日至1946年2月5日在上海生活。这期间，他用自己的相机，在上海街头捕捉到不少生动的普通人面孔，并将全部96张黑白照片汇成影集《上海1945》（Shanghai in

1945）。影集中的第八张照片记录的正是这个吃螃蟹的小男孩，而在拍摄者最初的图说中只有简简单单的 Eating Crab 这两个单词，并没有对图片中的场景和小男孩的身份加以描述，更没有提及"穷人靠吃大闸蟹艰难度日"的字样。

照片是真的，但想当然的解读只是在带节奏。

民国大闸蟹无人关注？

照片中，一个小男孩在吃着大闸蟹，旁边的人衣服上带有补丁。简陋的桌子上摆放得满满的大闸蟹目测都四两朝上。在今人看来，确实很有视觉冲击力。看这情形，直接就推断出"1945年，上海贫困家庭的穷人靠吃大闸蟹艰难度日"未免太过武断。那么我们该如何解读这张照片呢？

有文章推测这是因为民国时期大闸蟹远没有现在这样被人们关注。昨日的令普通人都侧目的食品也可能变成高雅之堂的宴会佳品，成为许多时尚有钱一族趋之若鹜的"佳肴"。

事实上，只要查一下当年的报纸期刊，就会发现，民国时期上海人就已经酷爱大闸蟹，尤其钟爱"洋澄湖蟹"（民国时期阳澄湖又被称作洋澄湖）。

其实，以当年的养殖水平，阳澄湖大闸蟹绝对可以算是市场上的稀缺商品。在当年的报纸中就有记载：吃蟹季节已到，阳澄湖大

大闸蟹广告，
《申报》1934年10
月7日

大闸蟹广告，
《新闻报本埠附
刊》1926年10月
21日

大闸蟹广告，
《新闻报》1917年
10月25日

闸蟹供不应求，连到昆山去买都有假货，由芜湖来的蟹也背上阳澄湖的招牌。报纸上还要特地科普怎样辨别蟹的产地，避免上海人花了大价钱，吃到了不正宗的阳澄湖蟹。[①]

清水大蟹，人人平等？

民国报刊中那么多蟹的广告，是否能证明，贫困家庭吃蟹也是理所当然了呢？笔者还看到1940年《良友》有张照片，写着："清水大蟹：无分上下阶级，口之于味，有同嗜焉，街头苦力，亦于小摊上饱尝蟹味。"这是不是说明，民国百姓就算没有实现阳澄湖大闸蟹自由也在某种程度上实现了清水大蟹，人人平等？

民国大闸蟹面前是否能人人平等，主要还是要看这个时期的大闸蟹到底贵不贵。

在1943年的上海人眼中，"阳澄湖清水大扎蟹：爬满上海整个都市"，蟹价较以往相比高涨达两百倍了。为什么总是搜到阳澄湖大闸蟹的广告和新闻，而罕见其他品种的蟹？因为"上海的蟹是来自各地的，像苏州，无锡，松江，青浦，以及长江下游各埠，都有蟹运到上海，但任何地方的蟹，一到上海，就一概称之为阳澄湖蟹。其实小小的阳澄湖，一年产多少蟹，哪里有这么多运到上

---

① 霈霖《大蟹的来源》，《时事新报》1936年10月15日第12版。

在老上海，人们围坐品尝清水大蟹。《良友》1940年第161期

上海街头的螃蟹摊。《良友》1940年第161期

海？"①《申报》中的新闻也同样说道："洋澄湖产蟹不丰，即在大年，也不过八百担至一千担，以之分销京畿各地，上海能几何？"②

我们也可以通过此新闻推断出，阳澄湖的蟹是贵的，其他的蟹，可能也用来冒充阳澄湖蟹了，对于购买者来说，也是贵的。

当然也有朋友说，蟹每年的行情也不一定一样，毕竟有的年份丰收，有的年份可能欠佳。那么聚焦到照片拍摄的1945年秋季，这年的蟹到底是一个什么行情呢？上海人又过的是什么生活呢？

1945年的《社会日报》在《叫花子吃死蟹》一文中就生动地描述道："在这个苦难的大时代，谁不在凄苦中挨着。"

事实上，凄苦中挨着的，并非只有贫苦的人。文人的日子也不好过，蟹价太高，吃一次蟹得十万金，让习惯于持螯赏菊的文人，在1945年也自嘲只能"持菊""赏螯"了。③

真相可能是什么呢？

根据1945年的新闻，蟹价这么高。那么小男孩吃大闸蟹的照片的真相到底可能是什么呢？1935年版《上海俗语图说》里写到上海人每到秋季家家吃蟹，人人吃蟹。但是当年上海人吃蟹是有阶级

---

① 《阳澄湖清水大扎蟹：爬满上海整个都市》，《新中国晚报》1943年10月13日。
② 《持螯赏菊》，《申报》1942年11月4日第5版。
③ 柳絮《蟹市》，《铁报》1945年10月14日第3版。

《叫化子吃死蟹》,《社会日报》1945年5月26日

之分的。有钱的阔老爷到大菜馆大饭店里去吃，不上不下的尴尬人可到小饭店去吃，衣食不周的穷人到各小菜场的摊头上去吃，叫花子便到小弄堂的地摊上去吃。吃的地点不一样，吃的蟹就更不一样了。上海大酒店里的蟹，每只标价大洋五角的，还不是头号货，这么昂贵的蟹，穷人如何吃得起？摊头上煮熟后再卖的蟹，已是半死半活的僵蟹，吃客犹能拣而食之，轮到叫花子吃的，那完全是蟹的尸首了，只是死蟹，已毋庸拣选，只要是蟹，剥开就吃，也觉得滋味笃落落，所以上海有句俗语，叫作"叫花子吃死蟹"，此话暗藏"只只鲜"三字。

而1946年的《快活林》也有文章写道："时当今日，生活艰难，一般人咸有持菊赏螯之叹，因为近来大闸蟹的价钱，有贵得令常人不能问津之感"，"今年街边卖死蟹的特别多"。街边死蟹贩卖，也从

侧面阐述了一个心酸的事实，到了1946年想吃死蟹也是得花钱买的，真正的叫花子恐怕是想吃死蟹也不易。

《良友》中说当年上海人人吃蟹是有一定佐证的。只是吃的蟹并非"无分上下阶级"。富人吃好蟹，穷人吃的极大概率上是半死半活的僵蟹（上海人称"撑脚蟹"）。真正的叫花子连吃死蟹的资格怕是都没有。

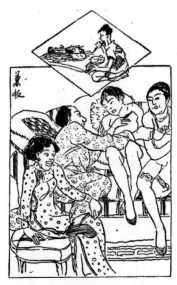

汪仲贤《上海俗语图说·105叫化子吃蟹》1935年版

蟹农庆丰收？民国穷人的"被幸福"

还有文章提出一个有趣的说法，说这个是蟹农庆丰收。不过我们仔细看这张图中的蟹就会发现，蟹脚基本是完整且直。根据《申报》记载，20世纪40年代的上海人早就知道吃蟹的方法是扎煮法和隔水蒸法。[1]扎煮的蟹，煮熟后蟹腿是弯的。当然，许是吃蟹的人不讲究，没有扎上。然而没扎的活蟹，蒸煮熟后会出现各种奇怪

---

① 《持螯赏菊》，《申报》1942年11月4日第5版。

的姿势，而且蟹会断腿漏黄，没断的蟹腿也不会很直。

照片中蒸煮后蟹腿保持完整且直的状态，印证这些蟹的死亡时间大概率是在煮之前。如果真是庆丰收，蟹农总不至于吃死蟹。无论是谁，吃死蟹都是冒中毒风险的，也总不能说是一件值得羡慕的事。

其实关于民国上海贫困家庭，到底能否吃阳澄湖大闸蟹度日。从另一条新闻可以参考一下《米荒之时，左舜生先生死人不关，依然吃吃大闸蟹》。[①]要是穷人都能吃阳澄湖大闸蟹度日，时任民国政府农林部部长的左舜生何至于吃个把蟹就被小报记者怒批呢？

我们原来关于民国上海穷人"大闸蟹自由"的推测，都硬是让1945年原本生活艰辛的底层人民"被幸福"了一把。

事实上，普通工薪阶层可以大快朵颐吃蟹的机会都要从大闸蟹的大规模科学人工养殖开始说起了。

---

① 《米荒之时，左舜生先生死人不关，依然吃吃大闸蟹》，《真报》1948年11月15日第2版。

斯文上海的江湖气，
"酒量垫底"的上海人也有早酒文化。

早酒，民国上海的豪放早餐

民国时期上海人也喝早酒吗？对很多人来说，很难把早酒和有着温婉江南形象及时髦海派作风的上海人联系在一起。这个词听起来更适合早酒盛行的湖北、川渝等地，而不是印象中斯斯文文的上海。

其实，上海是一座复杂的城市。

有人说，因为占据长江出海港，码头城市所拥有的市井气、江湖气，也能在上海找到明晰的痕迹。上海是早酒文化的发祥地之一，与码头文化密不可分。这点在《上海工运志》的记载中找到部分印证："码头工人因从事重体力劳动，下工后吃酒的很多。"小说《繁花》里，工人小毛就喜欢喝些黄酒，抚慰高强度劳动后的疲倦。对于那些上"两班倒"的工人来说，漫长寒夜里身体被冷与累席卷，有什么比一杯早酒更能暖身祛寒、抚慰疲惫的心灵呢？

在民国上海，喝早酒的不仅有码头工人，还有周浦的船民。据记载，民国期间，周浦是浦东地区最大的集镇，商贸特别繁荣，尤其是在东八灶、南八灶一带，聚集了两百余家棉花行、米行，八灶港里泊满了粜谷卖花的农船，也有市区前来采购粮棉的商船，这里曾是浦东地区最大的粮棉集散地。船民住在舱内，夏天异常闷热，冬天酷冷，饱受风霜雨雪之苦，清晨又容易被航船惊醒，因此一清早常到羊肉店喝酒祛寒取暖，顺便打听粮棉行情，洽谈生意。周浦一早吃羊肉烧酒的风习，从清朝中后期开始形成，至20世纪三四十年代，其羊肉的制作技艺已发展到鼎盛，当时镇上十余家羊肉店，家家食客盈门。①

其实喝早酒这一习俗在上海近郊各处都有。在那里，或许我们能够窥探到"清晨饮酒"这一习惯更早的源头。民国时期，七宝当地人大多务农，少数外出经商，故而大多忠厚，生活简朴。男子于每日清晨，有"排茶馆"及"吃羊肉烧酒"之习惯。②嘉定农民同样有类似习俗，旧时会每天凌晨3时半，农民上街泡茶馆，4时半许，进羊肉馆要上一碟羊肉，酌一二两白干，嗣后一碟羊肉汤面，

---

① 上海市浦东新区周浦镇文化服务中心作《小上海心影》，上海文汇出版社2021年版，第84页。

② 《近郊通讯》，《申报》1945年8月19日第1版。

即下田头的习俗。①可见，早酒习俗也深植于农村。毕竟对于每天天不亮就要起床下地劳作的农民，按照民间说法，就着早餐喝一点早酒，一是让自己快速清醒；二是喝点小酒也能开开胃多吃点，好有力气干农活；三是清晨露水多、湿气重，喝点早酒也能祛寒。老上海的早酒桌上一般摆放着黄酒和烧酒。还有的喜欢自带家酿米酒，有甜酒和老白酒两种。

不过对于上海人来说，酒也许只是早酒桌上的一个配角。餐桌上真正的主角，还是下酒菜！

对于民国上海来说，这下酒菜就是羊肉。不为人所熟知的是，上海虽地处江南，但素来有吃羊肉的传统，尤其爱好白切羊肉。当年白切羊肉在上海各大集镇都有售。尤其以七宝羊肉闻名市郊，根据文献记载，庖法以百年前七宝小张更浪张永华所创为正宗。选用当地和浙江平湖、沈塘、乌镇上好山羊，陈汤烧开，整羊下锅，上压石块，起锅不加冷水，甩铁钩钩开羊身，热羊出骨手不蘸冷水，摊砧板待冷。羊肉肥而不腻、酥而不烂，称"七宝羊肉"。每日清晨即售罄。大寒、大暑尤为好售。②

泗泾白切羊肉可与七宝白切羊肉相媲美。当年杀羊作设在北张

---

① 《真如镇志》，上海社会科学院出版社1994年版，第110页。

② 《上海县志》，上海人民出版社1993年版，第1113页。

泾羊庄弄，每日烹烧白切羊肉，茶馆门口设摊供应早市。上茶馆的老人都喜欢买上2角钱的羊肉，再沽上一小瓶白酒，或在茶馆里小酌，或用荷叶包好带回家中慢慢品尝，羊肉烧酒可是泗泾镇上的一道美味。夏季大伏时节，泗泾人将白切羊肉作为进补食品。一个早市只须卖一两个小时；冬季三九严寒，羊肉生意更好。泗泾白切羊肉香嫩入味，拌以甜面酱进食，上口鲜美。

白切羊肉的历史悠久，还要看庄行。毕竟庄行享有"千年伏羊看庄行"的美誉。当地亦有"伏羊一碗汤，不用开药方"的说法。至民国初年，庄行羊肉烧酒成为远近闻名的地方特产。据清乾隆《奉贤县志》、光绪《重修奉贤县志》可知，明嘉靖二年（1523），开浚南桥塘后，庄行店铺兴盛，至清乾隆年间庄行"镇市繁荣，居民稠密"，庄行成镇后，羊肉烧酒便开始在当地流行。关于为何庄行羊肉特别滋补，这也是有说法的。庄行镇位于奉贤西部，水系发达，盛产野生中草药材，如马兰根、地丁草、车前草、马鞭草、鱼腥草、益母草等。因此，以青草为食的庄行草山羊，被称为食补与药补相结合的双料补品。[1]而且和很多地方流行冬季吃羊肉暖身的习俗不同，庄行特别讲究的是吃伏羊。入夏，正值农家米白酒新酿成之时，也是吃羊肉烧酒的上佳时间。清晨，成群结队的人们涌到

---

① 《民俗上海·奉贤卷》，上海文化出版社2009年版，第14页。

镇上，一杯酒、一份羊肉、一整天都精神奕奕。也有了"药补不如食补，食补顶要食伏羊"的俗语。如今，庄行羊肉烧酒民俗已被收录在上海市非物质文化遗产名录中。

假若你以为，沪上早酒店里出名的只有白切羊肉，料想会遭到真如人的异议，他们会立刻引述真如红烧羊肉的历史渊源。真如的红烧羊肉历史悠久。在乾隆年代，真如羊肉名震江南，一条老街上竟有30多家羊肉馆。民国初，扶栏桥东有赵群林、赵云山兄弟，每天清晨在北大街固定摊位出售自制的红烧羊肉，用稻草作柴，大灶头上烧出来的红烧羊肉：香鲜、卤浓，嚼之糯黏、肥甜，多汁但又不腻，酥烂但又不碎。又一家以红烧羊肉著称的是李润强的余庆祥羊肉店。制作方法是：活宰山羊，带骨切成小方块，按小、中、大的规格用丝草紧扎入锅，再在配以水、糖、黄酒、酱油、葱、姜的老汤中焖成。有卤浓、肥甜、鲜糯的特点，且肥而不腻，酥而不碎。现在"真如羊肉加工技艺"被列入上海市级非物质文化遗产代表性项目名录。

至此，我们不禁好奇：申城各处分布了这么多的羊肉美食，那么羊都养在哪里呢？其实，当年沪郊以至江浙农家都饲养山羊。上海郊县饲养的山羊属长江三角洲白山羊，以崇明饲养量为最多，当地称崇明白山羊。崇明县农民饲养白山羊的历史较久。1949年上海地区共圈存白山羊15万头，其中崇明县为7.8万头，占总圈存数的52%。其他各县也有饲养。根据县志记载，除了崇明，宝山农民向来有饲养山羊的习惯。有近半数的农户常年圈存1头到3头山羊，多数自宰自食。青浦县农民养羊历史悠久，据《中国实业志》中数据，民国二十一年（1932）青浦县养羊1.52万头。

羊肉烧酒的名声也更跟随着南来北往的食客而广泛流传。周浦羊肉烧酒的吃法风靡到周边地区，新场、杜行、惠南、北蔡等地都深受其影响，使羊肉烧酒成为流行的饮食之选。

一盘羊肉、二两酒，三五好友。在民国，这样一顿早酒，它是码头工人、乡间农民、船民渔民辛劳终日的犒劳，更是一种精神上的慰藉。对于当代上海来说，既是老上海人惬意的社交时间，又被年轻人赋予了难得的松弛感。它背后传递的饮食哲学和生活习惯属于烟火人间，拉近彼此距离，热闹轻松、惬意自在。

排骨和年糕，分开能独自精彩；
共置一碟，则相得益彰，
也许这就是最好的组合吧。

排骨年糕的前世今生

电视剧《繁花》里藏着上海屋檐下的烟火美食，其中动人心弦的还是汪小姐至爱的排骨年糕。黄河路的金玉满堂如过眼云烟，爷叔一句"从此，排骨是排骨，年糕是年糕"，成为多少观众长久的意难平。排骨年糕的妙处在于油氽排骨加两条年糕的组合，两样看似"不搭界"的食材，分开都能各自存在。共置一碟，则相得益彰，成就了口味上的互补定律，就此成为一对黄金搭档。大概，这便是剧中宝总与汪小姐这对CP的隐喻吧。边看剧中美食，边考据美食历史。探究排骨如何同年糕走到一起，成为百年黄金组合的。

说起排骨年糕的组合，首先得说说排骨。猪肉在中国可是有着久远的认同。一般老上海本地人遇嫁娶，都要杀猪宰羊，设宴款待宾客。只不过方志中，老上海猪肉做主的菜，主要是以扎肉、走油肉、走油蹄髈、肉丝、咸肉、白切肉、肉皮、肉片为主。类似于排骨年糕中炸猪排的这类烧法，还真是西风东渐哦！关于猪排的介绍，在中国最早的西餐烹饪书《造洋饭书》中就出现了。此书为美国传教士高丕第（K.P.Crawford）夫人所编著，于同治五年（1866）在上海出版。其中就写到猪排非猪排骨，而是大片、平整的瘦猪肉。它是西餐的一道美食，和牛排一样深受人们的喜爱。制作猪排通常使用猪里脊肉，猪里脊肉均为瘦肉，肉质较嫩。不过，这个时期，西餐包括炸猪排还不为上海市民所熟知。该书是为来华的传教士及西方人培训西餐厨房人员而编写的。

最初，猪排出现在西餐馆中，去吃猪排在当时的上海人心中被视为"吃大菜"。1889年的《申报》甚至把猪排与燕窝、鱼翅相提并论。[1]

不过，后来更多餐厅的菜单开始包括各类猪排。在当年的上海市民娱乐休闲指南《新世界》报中，可以看到"今日西菜单"里有配上青豆的烧猪排。非常摩登的远东饭店也推出了吉利猪排。北京路寿圣庵对面的大加利餐社甚至在早茶中也包含煎猪排。可见，

---

[1] 《过节说》，《申报》1889年9月11日第1版。

这西式的猪排烧法在社会上已颇为流行。

关于这猪排的做法，在民国各类食谱中可以窥见端倪。1922年出版的《西餐烹饪秘诀》和《食谱大全：美味烹调秘诀》中都有关于炸猪排做法的详细介绍。与简单炸制介绍相比，还特别提及调味酱汁的烧法："拿炸好的猪排另入一锅，和茴香素油炒搅霎时便下酱油酸醋再烧再炒，更下白糖。见他汁已浓稠，色已深红即可起锅。乘热供食，味很酸美。"再如《清稗类钞》中收有炸猪排的做法："以猪肋排去骨，纯

《今日西菜单》，餐饮娱乐《新世界》1917年7月29日

《九月八日远东饭店中西菜单》，远东饭店餐饮娱乐《时事新报》（上海）1925年11月4日第5版

上海北京路寿圣庵对门

大加利餐社今日菜单

電話中央九六六○號

早茶	鸡肉粥 焗鲜鱼 火腿鱼 煎猪排 小食	鲜鲞茄汤 杏烈鱼柳 鸡肝猪排 咸猪腿生菜 法兰布丁 水菓 咖啡
西菜	五色果壁 花旗反加汤 米饭雕鸽蛋 哈喥咕牛肉 法式烙缘结 柘油雏英腿 糖果布丁 水菓 咖啡	
中菜	秀汁排翅 母油八宝鸭 粉花炖耳 百果子鸡 奶油白菜 英蓉卿蛋 雪花洋燕 金银合路 银丝细粉 应时鲜蔬 四色热盆 四色正盆 各式手菜	
船菜	鸾塔官燕 白玉吉翅 母油八宝鸭 荷片鸽蛋 卍字烧肉 五赫桂鱼 蒸白菜卷 消灯和合 佛府大菜 四色热盆 四色正盆 四色饼盆 客若手菜	

《上海北京路寿圣庵对门大加利餐社今日菜单》，大加利餐社餐饮娱乐《小日报》1926年10月18日第1版

用精肉，切成长三寸、阔二寸、厚半寸许之块，外用面包粉蘸满，入大油镬炸之。食时自用刀叉切成小块，蘸胡椒、酱油，各取适口。"这算是排骨年糕中排骨的前传了。

到了20世纪30年代的上海，炸排骨可是风行一时的下酒物。菜饭面馆里都有炸排骨的。炸排骨的做法也越发成熟："用猪的筋骨肉，切除肥肉，连骨切成寸半长的排块。倒素油二斤入锅用急火煮沸。投入排骨用铲翻动。等到两面炸到淡黄色。就用笊篱捞起。

和合兴广告,《前线日报》
1949年3月20日第1版

过分炸老了,精肉要嚼不烂的。再用好酱油、黄酒、白糖(用量随排骨多少而定)、大约一斤排骨,用酱油酒各二两,白糖四钱,姜一片,清水半碗,放入另锅中,烧煮到汁浓入味,就可起锅。或当下酒物,或做面浇头。"[1]

在《大公报》(上海版)中的新闻中同样印证了"上海人是喜欢吃排骨的,那时无论你走到那一个馆子里去,菜牌上一定少不了排骨这一样菜"。[2]在马路边上,在小菜馆里,在弄堂门口,还可以发现许多专门卖排骨为主的小食摊。文中还特别提到一家叫和合

---

① 祝味生编辑《中西食谱大全》,大通图书社1935年版,第202页。
② 景文《排骨大王的生意经》,《大公报》(上海)1936年7月14日第13版。

兴的排骨面店，被誉为"排骨大王"。这家店无论什么时候去，他里面都是满堂顾客。面对刚刚从油锅里氽起来的排骨，顾客们都津津有味地在那里大嚼特嚼。为了优待客户，老板特别奉送黑猫牌辣酱油，排骨上再放上点五味香料。不过从这个时期的广告来看，出现最多还是排骨面，这里的面很精致，汤也很鲜。所以好吃的上海人，便也趋之若鹜了。

那个时候在大新街（湖北路）上四马路上南首一带，最多做这项买卖的，当时还有文章感叹这颇有店多成市之概。

除了排骨面，还有排骨菜饭。这排骨面和排骨菜饭正是一脉相传的姐妹行业。排骨饭还配青菜，有饭有肴，荤素全备，对于普罗大众来说真是完美的饭餐，自然很为劳动阶级及市民阶层所欢迎。

其实年糕在遇到排骨之前，已经为上海人钟爱多年。最早苏式年糕主要为馈岁之品。至光、宣时，则以为普通之点心，常年有之。后来宁波年糕进入上海，慢慢也有油氽年糕、卤年糕（用酱油加调味卤成）、鱿鱼年糕（用水发鱿鱼加调味与年糕同煮而成）等品，皆类似排骨年糕中将小而薄的年糕，经油氽、烧煮而成了。

和排骨面、排骨饭相比，排骨年糕的组合确实更胜一筹。排骨用嫩香鲜浓为基石，激发出年糕味道香醇软糯，成就了软糯中带韧劲，甜辣中略带咸鲜的独特口感。与骨肉酥脆、香浓适口的排骨相得益彰。若要追溯排骨年糕的组合源起，一定要提到的就是"鲜得来"，上海最出名的排骨年糕店之一。根据《上海市黄浦区商业志》记载，鲜得来排骨年糕店，创建于1937年9月，原名鲜德来面食店。店主何世德，于20世纪20年代初期，与其父在蓝维蔼路老德行里弄口（今西藏南路177弄口）设摊经营，供应咖啡、吐司面包、茶等，摊位甚小，本小利微。1937年9月，由何世德直接经营，经营内容改为排骨年糕、烘鱿鱼以及其他面食点心，摊位得以扩大，弄口上面盖有木板为主材料的大棚，设有3只八仙（八人座位）桌，供顾客堂餐，店主何世德经营有方，注重质量，供应的排骨年糕，选用江浙地区的优质猪种排骨和浙江路林子宾糕团店用优质大米生产的50克4条规格的小年糕，经其精心烹调制作的五香排骨年糕，味道鲜嫩香，人称鲜得来。在上海解放前夕和解放初期，该摊经营很兴旺，顾客就餐人数越来越多，店主经税务部门提议，1951年向工商行政部门申请，由摊商转为坐商，在申请登记时，店主采用顾客之赞语：鲜得来，又取自己之名的"德"字，取名鲜德来面食店，店门横写"鲜德来"三字招牌，从左到右或从右读起，可读为"鲜德（得）来"或"来德（得）鲜"，吸引顾客，从此得名。

许多美食的发明过程可能涉及多条相对独立的演变路径。

当时，沪上以经营排骨年糕而出名的店，还有一家。这家店由江苏常州人董林根开设，摊位在今四川中路汉口路福州路之间，这里当年洋行云集，周围的弄堂小饭店也可说是鳞次栉比。但最富盛

小常州广告,《东方日报》
1944年6月21日第3版

名的还是小常州，被誉为"排骨大王"。和鲜得来不同的是，"排骨大王"用的排骨取自常州、无锡的猪。用酱油腌渍后，再放入用酱油、油、糖、葱姜末、酒等混合的油锅中汆，汆至色呈紫红、肉质鲜嫩、味道浓香时取出。并不像鲜得来的排骨年糕是将面粉、菱粉、五香粉、鸡蛋放在一起搅成浸裹在排骨表面，放入油中汆熟。小常州排骨年糕做法不同，但这种口味也广受欢迎。此外，创始人颇有经营头脑，懂得广告效应。虽然仅是一个亭子间大小的弄堂小饭店，但在《东方日报》《力报》《繁花报》《新闻报》刊登了几百篇广告。当时文艺界名人如姚慕双、周柏春等，以及《新闻报》《大公报》一些著名记者，经常在该店吃排骨年糕，上海海关关长也是这里的座上客。由此可见，排骨年糕的受欢迎程度。

这独具上海风情的平民小吃，当时在上海滩绝不仅限于鲜得来和小常州。在当年新闻报道中，上海小吃摊中"排骨年糕摊看见的最多"。这排骨年糕摊能接二连三开出，除了好吃不贵受上海市民欢迎之外，还和当时上馆子吃饭，都要增加15%的特税有关。当时一般收入微薄或节俭的人都将上馆子吃饭视为畏途。而到摊肆上吃东西，不用付消费税，也不用付小账。此外，排骨年糕不仅生意好，而且利润浓厚。由此导致经营排骨年糕，收入可观。也难怪排骨年糕食摊日益增多了。①

自此，西式的炸猪排和江南的年糕，在来自印度的辣酱油的撮合下，以本帮浓油赤酱的烧法，在上海相遇，颇有西风东渐的沪上风范，成为无数江南人的乡愁滋味，风靡上海滩近百年。最终成为一道代表性的海派风情平民美食。

---

① 王渤《小食摊防空灯下好买卖！》，《海报》1944年4月24日第1版。

走过西风东渐、海纳百川、国货自强，
辣酱油成为上海人心目中的某种文化符号。

辣酱油的海派进阶之旅

炸猪排，最具上海特色的海派西餐菜式。排骨年糕，广为人知的上海特色海派小吃。二者都必须搭配上辣酱油才有灵魂。辣酱油作为一种调料，以其万物可配却又自成一体的风格，在申城的地位，基本等同于欧美的番茄沙司。而西风东渐、海纳百川、国货自强的演化之路又让辣酱油成为上海人心目中的某种文化符号。

西风东渐——辣酱油来沪之旅

因为辣酱油承载了许多上海人的童年记忆，以至于很多上海人都误以为它是上海特产，还有文章写道："辣酱油是上海特色调味品，也是中国传统酱油的一种。"其实辣酱油并非酱油，而是西式调味品。辣酱油采用洋葱、芹菜、辣根、生姜、大蒜头、胡椒、大茴香等近30种原料、辅料经科学方法加热熬煮，过滤制成，具有酸、辣、鲜混合风味。这其中并没有酿造酱油要用到的大豆。所以严格来说不能算在酱油的范畴里。20世纪90年代，上海辣酱油还陷入一场命名危机。行业要求一定要在辣酱油后面加上"风味调味料"字样，以示和真正用大豆酿造的酱油区别。"辣酱油"的正式英文名称是英国黑醋或伍斯特郡沙司，可能因为其色泽酷似酱油，所以才得到了这个非常本土化的名字。

19世纪30年代，英国伍斯特郡的化学家John Wheeley Lea和William Henry Perrins应一位当地贵族之邀，为其在印度发现的一种酱汁制作配方，并将其推向市场。1855年9月8日《北华捷报》上就出现了Worcestershire sauce的广告，声称这是被行家誉为唯一的上等的辣酱油。这张由英国拍卖行商人奚安门（Henry Shearman）在上海的英租界创办的报纸，在1855年到1911年间，刊登了几百篇辣酱油广告。

只是这辣酱油最初进入上海是为了满足在华西人的基本生活需求。但随着西餐在上海的普及兴盛，崇尚洋派的上海人很快也接受这种外国酱油。在洋行的拍卖中不仅有红酒还有辣酱油。

1908年《申报》也正式介绍利泼林老牌辣酱油（LEA&PERRINS' SAUCE）为食品中不可少之原料。这个广告颇有中国特色，特别强调该辣酱油能够"开胃健脾"。对于爱美食也爱养生的中国

《北华捷报》上的
辣酱油广告

《礼拜一拍卖》，
《申报》1900年12月
17日

利泼林老牌辣酱油广告，《申报》1908年9月22日

人来说，调味料单是使食材鲜美尚不足够，还必须具备食疗功效，方能真正打动人心。

从西餐伴侣到百样可搭

关于上海版辣酱油的来源，在网络上流传多种说法，其中一个

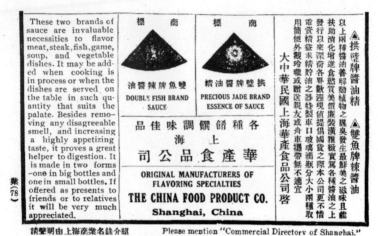

双鱼牌辣酱油的双语广告，《上海商业名录》1920年版

说法是20世纪30年代，旅居上海的英国人很想念伍斯特郡酱，也许他们试着描述了这种酱汁是什么味道，后来就有了它的上海版本。还有一种说法是，中国生产的辣酱油从1933年由梅林开始生产。其实翻看当年的报纸，就会发现1920年前后，辣酱油已经开始走上了国产化之路。上海报刊广告中开始出现了国产辣酱油，如双鱼牌、冠生园、爱国卫生、五卅牌辣酱油等，辣酱油遂进入上海人的日常餐桌，成为百样可搭的调味品。

从舶来到国货

在民国九年（1920）的《上海商业名录》中，可以找到中英文双语版的双鱼牌辣酱油介绍。书中特别提到，这种酱油不仅质美价

五州牌辣酱油广告，《申报》
1925年7月31日

五州牌辣酱油广告，《新闻报》
1927年5月29日

双妹牌辣酱油，《新闻报》1928年3月29日廉，公司还投入重金，精益求精，使其不仅使用方便，而且外观精致。如今，更是提倡国货之际，更为适合赠送亲友。

1925年五卅运动后，上海出现了五卅牌辣酱油，该品牌辣酱油也投放了大量广告，提醒市民"君尝五卅牌辣酱油，永志勿忘五卅辣味"。以后每逢5月，广告会再次提醒"有五卅辣酱油存在即五卅的精神不死"。这句广告伴随辣酱油悄然扎根于上海人心中，成为五卅精神的鲜活象征。

当年上海滩上的辣酱油品牌真是琳琅满目，就连以化妆品出名的上海家化的前身广生行也不例外。他们不仅推出了双妹牌雪花膏、花露水、爽身粉等产品，甚至还有外包装精美的双妹辣酱油。这款辣酱油的瓶子也颇为精美，如同花露水瓶。

自从国货盛行以来，辣酱油在上海不仅仅是西餐馆的象征，而是走进了上海的街头巷尾和主妇的烹饪秘籍，已成为家家户户必备的调味佳品。在炸排骨的摊点上，辣酱油已成为标配，食客们对它爱不释手。以至于"炸排骨摊点上就配上了辣酱油，食客们吃的都有瘾了"。[①]那么，辣酱油除了配炸猪排，还有什么用途呢？辣酱油发挥其百搭的特点，为冻猪蹄、荔浦芋贴虾、素玉兰片的蘸食配

---

① 狼吞虎咽客（蒋叔良）编著《上海的吃》，流金书局1930年3月发行。

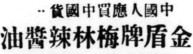

梅林辣酱油广告,《铁报》1936 年 10 月 19 日

料①。事实上,辣酱油因为辣味稍逊于辣油,其咸质不亚于酱油,微甜而又有些酸味,不仅适合油炸类食品,也颇使得凉拌菜、海鲜类更出彩,可谓"万物皆可辣酱油"。如宝大祥的创始人丁健行就认为清蒸鲥鱼佐以辣酱油极为鲜美。还特地写文章介绍:"刀鱼宜清炖,加姜三四片。食时佐以辣酱油,鲜美无比。"更有想象力一点的是按照梅林广告,在吃大闸蟹时,蘸上一点辣酱油,滋味更鲜十倍。

很多文章都提到 1933 年梅林推出辣酱油。事实上,1933 年 7 月,梅林罐头食品厂通过融资成立了上海梅林罐头食品厂股份有限公

---

① 时希圣编《四季烹调家庭新食谱》,中央书店 1935 年版。

梅林辣酱油广告，
《新闻报》1933年9
月9日

司，而梅林辣酱油的出现则更早于这个时间。1932年的《中行生活》刊登了一篇题为《王夫人与辣酱油》的文章，讲述了一位同事夫人胃口不佳，无意间尝试了梅林辣酱油后发现非常合胃口，饭量因此增加。当时，梅林公司的产品除了辣酱油，还有番茄酱，各种牛肉及果酱等。味道之佳，甚至超过了进口货，且价格低廉，装潢雅致。沪上的各大菜馆已经有不少采用梅林公司的产品。当年，梅林辣酱油在上海市民中广受支持，不仅因为其美味。1933年9月9日，《新闻报》刊登了一则"梅林金盾"注册商标的广告，金盾商标旁"生产救国"四个大字格外醒目。也许，真正让梅林辣酱油流行的，还是上海人对国货自强的认同感。

辣酱油从外侨到市民，从西菜社走向弄堂饭馆，在上海滩已走过百年。当年的舶来品，如今已是日常生活中的必需之物。这一路上，许多上海食品工厂都贡献了自己的一份力量，进行了各种渐进改良，有些名字慢慢湮没在历史之中。好在，辣酱油留了下来，成就了美食中的海派风情。

栗子蛋糕，
从西点成为上海"土特产"。

栗子的老上海腔调

秋风起，桂花香，板栗糯。每到秋季，沪上遍地都有糖炒栗子热气腾腾的香味。上海人深切的栗子情结，大概可以溯源至百年前。1911年，《申报》曾记录上海繁荣的糖炒栗子摊。当年关于糖

《上海之无奇不有：栗子摊之留声机》，《民权画报》1912年
9月

新长发栗子大
王广告,《力报》
1945年1月7日

炒栗子的营销方式还颇为海派时髦,马路上售良乡栗子者,多佐以留声机播放歌曲、戏曲等各种曲调以吸引路人。

在上海,糖炒栗子中最有名的要算"新长发"了。他们家的栗子,真正选自良乡(北方栗子集散地),以浓郁的糖香而闻名,炒制的火候恰到好处。因此,口感清香美味,比其他家的更加香甜可口。此外还有一家分店,在传统糖炒栗子中添加了桂花,使炒好的栗子在糖化后,馥郁焦香中还带着花香,青出于蓝而胜于蓝。

上海的板栗炒法声名远扬至重庆。以至于《时事新报》(重庆)的板栗广告中,还特别提到,重庆各戏院各食店出售的栗子大王,特点洁甜香熟,是完全上海炒法。①

栗子生吃脆甜,炒吃甜糯,不过如果要将它的香甜激发到极

---

① 《栗子大王》,《时事新报》(重庆)1939年10月31日第4版。

致，那必然是做成栗子蛋糕。可能是因为总是在咖啡馆里兼售之故，栗子蛋糕总是自带文艺气息，在不少文人笔下留下了印记。张爱玲、亦舒、唐大郎都写过。张爱玲"喜欢某一个店的栗子粉蛋糕"，这家店很有可能就是飞达，按当年的报道，单纯就栗子蛋糕而言，20世纪三四十年代的上海西点店中，飞达是最负盛名的。飞达也算得上是历史悠久。据查记录可追溯至1913年《行名录》，当时记载一家名为Confectionery & Bakery的店铺，最初是为外侨服务的。1926年，飞达在静安寺路开了分店。飞达之所以受欢迎，是因为奶油厚，栗子经过严格选择，并且磨得细。在物价疯狂上涨之时飞达的栗子蛋糕基本还能维持一贯水准。

凯司令紧随其后，也很受欢迎，

栗子大王广告，《时事新报》(重庆) 1939年10月31日第4版

栗子蛋糕广告，《大陆报》1946年11月2日

凱司令西菜社
今天正式開幕

時間
上午六時延長至晚間二時
星期每位一元一角五
午餐每位一元一角五
晚餐每本十元
優待券每本五元
諸君欲得高尚口味歸來
嘗一嘗

地址
靜安寺路一千○號大華飯店○花園對面便是

木家茶社
冰淇淋各種
酒點特備歐
美井茂味西
定聘諸美
光領名廚
臨導週到招待
招請諸君光臨

《凯司令西菜社今天正式开幕》，《新闻报》1931年4月2日

而且以价廉物美著称。1931年4月2日，凯司令正式开业，《新闻报》的广告上说："本社特备欧美西菜，随意小酌，茶点糖果，美味巧格力糖，冰淇淋，各种洋酒，一应具备。"广告里宣称聘请了前大华饭店西餐部的林家茂，带领大华的工作人员主理凯司令。开业当天著名报人戈公振、谢福生代为邀宴欢聚，林君在仪式上提出凯司令"定价极廉"，西菜、茶点、糖果也"美味廉价"。1941年，他家的蛋糕大只10元，小只5元，去喝咖啡的客人大多点一杯咖啡搭配一只小蛋糕，结账6元，在当时相当划算，故大受欢迎。凯司令也被《电影周报》称为"影星们的客厅"。另外，不少咖啡店如弟弟斯（DD'S）、大中华咖啡馆、新沙华、金谷饭店等也都以栗子奶油蛋糕为招牌。

DD'S 广告，《剧场新闻》1940 年第 2 期

金谷饭店广告，《申报》1942 年 10 月 27 日

关于栗子甜点的制作方法，来源却不尽相同。在早期的西餐食谱中，栗子蛋糕的介绍并不多见，《造洋饭书》《西餐烹饪秘诀》《治家全书》等均未提及。值得一提的是，1938年的上海英文报纸《北华捷报》却详细介绍了其制作方法。

不过，关于其他各种栗子甜点的制作方法，在上海的英文报纸中早有介绍。比如，在1926年的《大陆报》中就有关于栗子慕斯的做法，而1932年的《北华捷报》则介绍了栗子泥的制作方法。

特别值得一提的是奶油可可栗子泥的发明，在唐大郎的笔下，成为一桩很明艳的故事，把它记在这里。

那时有一个姓何的少年，和一位叫王册的女郎互矢爱慕，王册还在"务本"女中读书，这一年是她二十岁的诞辰，特地把少年邀到家里，她亲手做了一色点心，这点心是将栗子粉放在杯底，然后把煮好的、沸热的可可注上大半杯，再然后加上小半杯的奶油。这样调和起来，当时成为一种很别致的点心。这天，吃过了女郎的寿宴，女郎把自己的情人，向家属公开，实际上，也就是他们的定情之夕。后来，"奶油可可栗子泥"的这道点心，传播在少年的朋友们的嘴里，而少年和女郎也终于成了眷属。可是有一年，这一双情侣，忽然为了一件事不和起来，发展到紧张的时候，甚至要闹异居。有个朋友知道了，用惋惜的心情，将他们的爱情故事，写了几首诗，其中有两句是："任她心碎如泥后，一罐银壶也要温。"他是把栗子粉比作女郎的心，而把沸热的可可，比作少年；也就是这两句诗，打动了一对夫妻的心，他们相抱而哭，自此，重叙其偕老之盟。①

栗子蛋糕的发明故事有一个更现实的版本，是上海的西点师傅采用本地的食材，结合本地人的口味，在传统工艺上注入西方元素而成。

只是，真的回到民国，这个糖炒栗子再香甜，也不是人人期盼。"糖炒栗子，难过日子。"这是早年在上海流行的一句口头语。秦绿枝说，糖炒栗子一上市，等于宣告深秋来临，寒冬转瞬即至。有钱人吃糖炒栗子吃得开心，穷人为过年还债和一家人寒衣发愁。栗子蛋糕再芬芳，在当年上海人的眼里，下午时分，西区公馆里的主妇派家里的女佣去飞达购买栗子蛋糕"外卖"的热闹，与中区贫民轧买大饼的辛酸，正是当年中国现状的对照。飞达、DD'S、大中华咖啡馆曾经追随和见证了民国上海发展，也在大时代的变迁中迅速地隐没，倒是这栗子蛋糕后来成为海派西点的代表，常常被用来招待外宾，至今颇受喜爱。

---

① 高唐《栗子泥的故事》，香港《大公报》1957年10月28日。

翻滚的食材，腾腾的热气，

上海火锅如同冬日里温暖的诗，

慰藉无数的心灵。

又像一把钥匙，

开启时光之门，

供我们寻味百年前的沪上美食。

沪上滚烫
——寻味曾经的上海火锅

有人或许会觉得中国"最不爱吃火锅的地方"可能是长江下游的江浙沪地区。其实不然，上海人吃火锅的历史也颇为久远。早在明朝，上海地区就有了与火锅相关的文献记载。到了晚清民初，各类火锅广告就频繁出现在上海的报刊上。密布的江南水网遇上五湖四海的移民食俗，丰富的食材加上海纳百川的巧思。火锅在民国上海，也可碰撞出几分神奇的火花。冬季幕布拉开，四鳃鲈八生火锅、菊花锅、冰胶豆腐炖暖锅，各式火锅琳琅满目，哪一种才是老上海人的心头好呢？

令孙中山赞不绝口的火锅——四鳃鲈八生火锅

说起四鳃鲈八生火锅，现在很多上海人可能都没有听说过。其实，这个火锅名扬天下已久。1912年，孙中山赴南京就任中华民国临时大总统，途经松江稍事休息。城中名流乡绅特设盛宴款待，其中就有这个火锅。当时端上的炭火铜暖锅，其中除四鳃鲈外，清汤中还有若干云腿、兰笋片。孙中山品尝后赞不绝口，称"鱼肉鲜嫩，清汤鲜美幽香，堪称极品"。1955年6月，时任全国人大常委会副委员长宋庆龄来松江视察，住在松江小红楼，名厨金杏荪特制菜点中就有四鳃鲈八珍火锅。

周希舜在《故乡习俗杂忆》中，忆及冬至时最时鲜的四鳃鲈火锅："四鳃鲈是松江特产，因有苏东坡《赤壁赋》而扬名天下。四鳃鲈长约十五公分，口巨头大，无鳞，惟有类似薄膜之皮，头侧之腮呈绿色，有红纹。古人认为，天下鲈多二鳃，唯松江鲈四鳃。"李时珍《本草纲目》记载了该鱼的营养价值："松江鲈鱼，补五脏，益筋骨，和肠胃，益肝肾，治水气，安胎补中，多食宜人。"

鲜美又营养的四鳃鲈本身还是多位外国政要喜爱的佳肴。1972年2月，美国总统尼克松来沪，以松江鲈鱼作为最高礼遇款待之，受到尼克松的高度赞誉。1979年11月8日基辛格来到中国，荣毅仁

冠生园饮食部的四鳃鲈有红烧、清蒸、火锅等吃法，《晶报》1937年1月5日

设家宴欢迎，主菜为一品大砂锅，锅内有四条松江鲈鱼，全部夹给四位洋客人，基辛格品尝后觉得鲜嫩无比。

四鳃鲈鱼烹制方法甚为讲究。《沪郊百宝》中"松江鲈鱼"条载：取四鳃鲈的内脏，不能用刀剖其腹，须以竹筷从鱼口插入腹中取出。洗净后，再将鱼肝放还鱼腹烹饪。如此处理，可不损鲜味。

不过，松江四鳃鲈鱼还是最适合在火锅中烹食。1937年上海出版的《家庭》杂志中有一篇关于火锅的短文，记载了以四鳃鲈为主料的烹饪方法：锅中用鸡汤，另加冬笋片、火腿丝、冬菇、鲜蘑菇等作为点缀，待沸透，然后投入新鲜豆苗数茎以及刚剖杀之活鲈鱼数尾，一熟便吃，下酒尤佳。[①]

---

① 沈凤《火锅》，《家庭》1948年第14卷第4期。

如果这种吃法还不过瘾，那么在上海的方志中详细记载了更为考究的四鳃鲈八生火锅的烹制手法。

主料四鳃鲈250克。火锅用鸡汤和火腿、香菇、冬笋打底，再用8只切片生盆，如精肉片、虾仁、腰片、鸡鸭肫片、鱼片、鸡蛋片、时件片、鸡肉片等，外加油氽细粉、菠菜，俟暖锅汤烧沸后，逐样生片投入。再将杀好洗净之四鳃鲈投入暖锅，再沸后加入细粉、菠菜和其他调味品即成。此品火锅以鲜、嫩、肥、香取胜，美味可口，鲈鱼肝尤为肥嫩。[①]

颇具文韵 馨香满口——菊花锅

和四川麻辣火锅、广东海鲜打边炉、北京羊肉涮锅相比，江浙菊花暖锅虽同被称为"中国四大火锅"，但知名度似乎远不如前三位。

对于特别害怕上火，担心因热力太重，口腔易生疾病的上海人来说。菊花锅无疑是一种恰如其分的选择。温和的饮食口味，飘逸的诗意，加之菊花味苦平，久服利气血、轻身、耐老、延年的养生疗效，又岂能不受广泛欢迎呢？

---

① 《永丰街道志》，上海辞书出版社2012年版，第803页。

1928年的《申报》记载，南京路快活林，近日菊花锅上市，室中装置电汽火炉，座客尤为满意。根据1930年《上海的吃》一书中，得知从前菊花锅这种吃法，最适宜冬天，而且也只有冬天才有出售，因为冬天天气很冷，吃的时候，可以借此取暖，而且拿生的菜，自烧自煮，兴趣非常浓厚。通常菊花锅的价目是一元至两元。但若吃菊花锅，只消一元左右，平均每人只两角多些，而里面有鱼片，有鸭胗，有腰子，有鸡片，有鱿鱼，有鸡蛋，有菠菜，爱吃什么，就烧什么，吃到最后，却变成了一锅鲜美绝伦的清汤，最合适下饭，既自由，又有趣，又便宜，又鲜美，真可谓无美不备。《东方日报》刊登的新年节约菜菊花锅广告。从中可见，菊花锅相较其他火锅更加经济实惠。[①]

最给大众带来安慰的火锅——冰胶豆腐炖暖锅

不过说到更加充满乡情的火锅，必须提到的就是广为出现在上海本地民谣和方志中的冰胶豆腐炖暖锅。《花木镇志》中有写："十一月里北风呼，菠菜吃到油塔棵，黄芽菜经过浓霜打，搭冰胶豆腐烧仔一暖锅。"南汇的《瓦屑镇志》同样有记载："十一月里冷飕飕，青梗菜吃起吃到塌棵菜，黑河豚菜要经三朝浓霜打，搭仔冰

---

① 《广告》，《东方日报》1945年1月3日。

冻豆腐烧暖锅。"其实，除了花木、南汇，在《张江镇志》《川沙镇志》《新寺志》《大团镇志》里也都有类似的记载。在上海，一般在严寒的冬天吃火锅，烧火锅时木炭放出的热量让周围的人感到温暖惬意，故人们又送它"暖锅"的称谓。这里的冰胶豆腐炖暖锅，用的都是上海本地农家菜。冰胶豆腐，是指经冰冻以后的豆腐，去掉水分后，形状、口味与烤麸相似。黑河豚，也叫"南门塌棵菜"，算正宗上海土产，秦荣光《上海县竹枝词》说它贴地而生，为邑中专产，分植他处，种味俱变。塌棵菜俗称"河豚菜"，那是说它肥美。经过雪覆盖的塌棵菜味道更佳。

对于上海农家来说，北风起后，天气骤寒，就烧一个热气腾腾的暖锅，用炭火煨着，菠菜碧绿，粉丝雪白，简直是"味美逾珍鲜"，真是辛苦劳动后最大的安慰了。

上海对火锅的热爱，还体现在过年家宴也钟情于暖锅这一压轴佳肴。锅中间燃炭，热气腾腾，锅里面放肉圆、鱼圆、蛋饺、蹄筋、火腿、香菇、冬笋、爆鱼……满满一锅子。其中肉圆象征团圆，粉丝象征长寿，菠菜象征甜蜜，增添不少过年吉祥气氛。

上海人把火锅吃出如此多的花样！又如此有上海的特色。只是颇为可惜的是，这些火锅，曾经在上海风靡一时，现如今已经走出大众视野，成为消逝的美食。不过，也许美食也会如同时尚，用一个轮回，把这些特色火锅带回烟火人间，再次给我们带来温暖和慰藉。

民国中秋是什么味道？
有民国上海的繁荣与时尚，
也有普通老百姓的生活记载。

一盒民国时期的上海月饼

中秋佳节是最典型的文化符号。一地有一地的特点，一个时代又有一个时代的味道。

在上海女作家程乃珊的笔下，中秋节是蓝色的。"如果说过大年是红色的，那么中秋节应该是蓝色的；蓝色没有红色那样喜庆，但温馨清澄。其实每个节日都应该有它的个性，我喜欢蓝色的中秋！"

那民国上海的中秋又是什么味道的？打开一幅民国的"清明上河图"，这里既有民国上海的繁荣与时尚，也有普通老百姓的生活记载，更有革命者救国救民的波澜壮阔！走进历史，到遥远的民国中秋，搜寻一盒时令月饼，为读者朋友们奉上曾经的上海味道吧。

冠生园中秋月饼之
花好月圆图,《礼拜六》
1936年第658期

　　月饼可是中秋的灵魂,没有月饼的八月十五可不算是中秋哦。

那么百年前呢? 在《申报》的月饼的广告里来一窥民国上海的繁荣

与时尚。民国上海月饼品种异常丰富,不仅反映出民国时期月饼市

场的盛况,也可看到在这座城市里,地道的本土文化与灿烂的外来

文化相互激荡、包容,最终沉淀。1923年中秋节,《申报》登载一

篇广告,提到泰丰月饼品种,不仅有常见的金腿、烧鸡、板鸭、鸭

腿、叉烧、五仁、枣泥、豆沙、莲蓉、椰蓉、蛋黄、豆蓉、百果等

类别。其中五仁月饼又细分为香蕉五仁肉月、椰丝五仁肉月、五仁

甜肉月、五仁咸肉月……数了数,仅仅这一家食品公司生产的月

泰丰公司月饼广告,《申报》1933年10月2日

饼,就有61种之多。

上海的月饼不仅有广式和本地月饼的融合,还有本土文化与西方文化的激荡。

欧化月饼

欧化月饼,样式甚为新颖,原料用奶油、橄榄仁、椰粉、莲子所制成,定名为奶油莲蓉月饼。

原子月饼

美国制造出原子弹之后，四川路某食品店就出现了"原子月饼"，广告中还特别写明"清甜可口""皮薄馅足"。

《原子月饼》，《申报》1946年9月6日

美国月饼

北四川路的糖果店门口，还有一张广告"美利坚广东月饼"。

也许是因为上海人一直以来就喜欢讲究品牌。民国月饼除了品种的异常丰富，杏花楼、冠生园、泰丰、老大房各类品牌为主的月饼在商业品牌宣传上也是热闹非凡。冠生园尤其能出奇招，甚至在1933年还推出一款用面粉两百担、豆沙五百担做的空间绝后大月

美国月饼，《申报》
1946年8月24日

「美國月餅」 味芩

今天走過北四川路一家糖果店門口，霍見一張廣告赫然「美利堅廣東月餅」，爲之作舌。

末了諸當然亦是美國的好，那或曰：「此不足爲奇，月亮既然是美國的好，所惜者不能將美國月亮到中國來；否則吃美國月餅，賞美國月亮，以成全璧，登不大佳？但廣東二字不知作何解；當存姑待考」

冠生园造了三层楼高
的月饼，《申报》1933年9
月29日

本世界向冠生園糖果公司定製
大月餅壹隻

（談月餅之定貨單 條件）

周圍厚一圍中裝成
月餅做中裝成
兩層餅限夏曆八月
三日完工

這粉百二百餅一個月餅須用五麵
這只餅絕不是一個月餅可以說大話的
冠生園主人說
冠生園先生說
受只餅有了後擔可以吹空月前五
這筆生意敢接
這只餅冠生園有的

月餅中有三層樓任客登臨

房子造勒月餅裏■　希希奇奇眞奇希奇■
不日開放　　　　現已竣工

饼，用"希奇希奇真希奇，房子造勒月饼里"的广告来吸引上海人的目光。①

如果单看《申报》中的广告，就可在脑海中想象出一个可意会不可言传的民国范。

但上海百姓中秋吃月饼吗？以1933年为例，上海普通工薪阶层的个人月收入在20元左右。而根据《申报》广告，当时一盒七星伴月就要2元，对于上海的工薪阶层，每月的收入也只能买到几盒月饼。由此可见，民国时期的月饼并不便宜，相反还是一种奢侈品。就如当年有人感叹："月饼不过是有钱人家的一种应时点缀品。"②

如果想要真的了解一个时代，不可缺少的，还是看普通百姓的生活。仅仅看当年的报纸杂志，大多会聚焦于上海都市生活，因此关于民国时期普通百姓的风俗还需通过地方志等方式进行补充，才让我们更全面地窥见当年上海地区普通百姓中秋变迁。

对于农民来说，中秋是上半年劳作的句号，趁着过中秋，敞开了休息一阵子，下半年接着忙。

① 冠生园广告，《申报》1933年9月29日第12版。
② 蜀青《月饼和水》，《民生》1936年第37期。

南汇区

农历八月十五日为中秋节，十五本为月圆之日，"月到中秋分外明，每逢佳节倍思亲"，中秋赏月寄托游子思乡之情，表达家人团团圆圆的良好愿望。上海解放前，大户人家在中秋之夜饮酒赏月，吃水果、吃月饼直到深夜，农户人家吃毛豆、芋艿、花生。上海解放后，吃月饼、摆团圆的习俗相沿不衰。20世纪90年代始，每到中秋节，购买月饼孝敬长辈，馈赠亲友，有的单位还举办中秋文艺晚会、座谈会等。若晴天，晚上仍还有赏月习俗。

佘山镇

农历八月十五，为中秋节，俗称"八月半"。家家吃月饼，团聚赏月，以表团圆。乡民自制番瓜（南瓜）塌饼，权当月饼。食毛豆荚、毛芋艿，讨"毛一千，余一万"之吉利。回娘家探亲的媳妇必须回夫家过节，同吃团圆饭。旧时，逢此节家中供设天香案桌，桌上供红菱、鲜藕、石榴、柿子等四色鲜果和月饼，含有"前留后嗣"的意思。上海解放后，自制月饼习俗在乡间仍十分流行，但以购买、互送月饼为主。吃团圆饭、团聚赏月习俗甚浓。

马陆

中秋节，俗称"八月半"，做团子，下面条，裹馄饨，烧毛豆荚、毛芋艿吃，谓之赏中秋。富裕人家明月东升，设置案几，燃点香斗，贡设月饼、瓜果、面条、毛豆荚、芋艿，在庭园中遥祭供月宫，谓之"斋月宫"。穷苦人家只点香烛，祈求五谷丰登，六畜兴旺，免灾赐福。

上海解放后，民间还保持着吃月饼、芋艿、毛豆荚等时令食品的习惯。随着人民生活水平的提高，吃月饼的人家多了，中秋前夕，月饼销售量大增，人们还以此馈赠长辈、亲友，而祭供旧俗已废。

可见，月饼真正进入寻常百姓家，还是在解放后。

从洋气的"冰忌廉""荷兰水",到传统的酸梅汤、凉茶,
总能在民国上海街头冷饮中找寻老上海的回忆。

百年清凉
——民国上海的街头冷饮

上海街头冰淇淋店的幌子,《良友》1930年第48期

夏日炎炎,酷热难耐,不吃点冷饮怎么叫过夏天呢。对于百年
前的上海市民来说,曾经的那份夏日清凉又是什么? 民国上海街头

冷饮中蕴藏着哪些独特的老上海味道呢?

冰淇淋

大众印象里,把1910年7月9日的《申报》上出现"冰其廉（冰淇淋）"一词相关的报道,作为上海有冰淇淋的开端。其实冰淇淋和上海的渊源比这更早。1910年之前,在上海的英文报刊中已经能找到至少几十条相关信息。推测是从西方传入,时间与上海开埠史同步。只是因为初时只在洋人餐桌上现身,而不为大众所知。

MISCELLANEOUS.

UNION RESTAURANT & REFRESHMENT ROOMS.

WE the undersigned beg respectfully to inform the foreign Community of Shanghai and Captains visiting this Port that we have established a public place for Resort on our extensive premises directly opposite the BRITISH CONSULATE, and hope that by strict attention to the comfort of our guests and by supplying Articles of the best qualities at moderate charges to merit a share of Public Patronage.

We also beg to state that we will open for the recreation of those who may be desirous of availing themselves of out door amusements a private QUOIT GROUND and BOWLING GREEN, and during the Summer Months an ICE CREAM SALOON.

N. B.—A Private Room for Parties (and a Private Room furnished to Let with or without Board.)

On and after the 8th inst. an Ordinary Daily.

EVANS, SUTTON & Co.
tf   Shanghai, 4th March, 1858.

1858年《北华捷报》ICE CREAM SALOON 新闻

ICE & MINERAL WATER MACHINERY.

EIGHT GOLD MEDALS AWARDED.
Thousands of Testimonials from all parts of the World.

BARNETT & FOSTER,
"*Niagara*" *Works, LONDON, England,*
MACHINERY, INGREDIENTS, BOTTLES,
And all requisites for the Trade or for private consumers.

Refrigerators, Ice Chests and Moulds, Ice Cream Freezers, Distilling Apparatus, Brewing Appliances, Bottle Washing, Filling, and Corking Machinery, Filters, Pumps, Gasogenes, Syphons, Motors, and all kinds of Appliances for Saving Labour.

Estimates given for Fitting-up Complete Mineral Water Factory from £50 upwards. Illustrated Catalogues and full particulars on application to Reuter's International Agency, Ld., Shanghai.

o-a-f (2) alt 17au 125   31st August, 1894.

1894年《北华捷报》上的冰淇淋冷冻柜广告

目前能找到的最早中文报道是在1904年的《申报》,"在跑马场对面马戏棚东首大洋房内专售冰忌廉牛奶冻啲嘣水"。[①]这则新闻在1904年7月连续刊登了20多天。然而,当时冰淇淋作为冷饮中的中高档产品,却长期被视为一种奢侈享受。

民国十五年(1926),海宁洋行(现上海益民食品一厂前身)从美国引进制冷设备,开始生产美女牌棒冰,日产量在2000支至3000支。民国二十一年(1932),又开始大批量生产雪糕和美女牌冰淇淋。投放市场之后,深受市民喜爱,尤以小冰砖为甚。海宁洋行营销颇有商业头脑,以资助零售商店冰箱台为手段,垄断上海冷饮市场,取得了巨大成功。《申报》原文报道:"马路石路东首味雅

---

① 广告,《申报》1904年7月9日第7版。

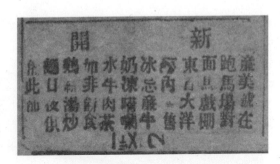

最早的冰淇淋
中文广告,《申报》
1904年7月9日

酒楼支店,开幕以来,营业甚盛。兹鉴于夏季将近、特向美女牌冰结涟总厂海宁洋行,包销各种纸包、圆筒及三色等冰结涟,闻将由厂房于该楼装设新式大号电器冰箱、以供储藏冰结涟之用。此项冰箱,构置绝佳,贮物取出时,与由总厂制成无异,历久不变。厂房对于此冰箱颇为珍视,并不轻易装设,而四马路一带向亦无冰结涟专售处所。此次该楼因烹调素负盛名,方能获得此项装置,将来营业当更发达云。"[1]

在民国时期的上海,冰淇淋的宣传创意更是新潮而精致。除了提供新式冰箱,还联合女明星宣传造势,以潘蕙英小姐为代表的闺秀们身着华丽服饰,优雅地品尝美女牌冰淇淋的照片刊登在期刊的封面上,仿佛将夏日的清凉气息带入了热闹的街头。这些广告不仅展示了冰淇淋的精致与美味,更将上海社交生活的优雅与时尚融入

---

① 《味雅支店将设新式冰箱》,《申报》1929年5月6日第16版。

美女牌冰淇淋广告,《礼
拜六》1936年第651期

其中。通过美女的形象,冰淇淋不再只是一种甜品,更成为奢华享受与时尚生活的象征。

在新闻报道及广告中,还会迎合当年市民的需求,特别突出其最为卫生,富有营养。美味、卫生加上成功的商业运作,让美女牌冰淇淋成为当时上海最盛行之夏令食品,在花旗总会、中央大戏院、上海跑马场、卡尔登戏院、虹口公园、沪江大学等各处均有出售。从广告中可见,其广泛进入上海的公园、戏院、跑马场、电影院及咖啡馆,为更多市民所熟悉。

在民国时期的上海,冰淇淋虽然受欢迎,但还不是顶级的甜

美女牌冰淇淋广告,《申报》1928年8月7日

品。被誉为佳品的冰淇淋圣代则更为奢华,其制作方法是在冰淇淋上添加酪酥和各种水果。但是价格更为昂贵。1937年,每客之价,当在1元。不过当年冠生园冷饮部推出一种半价圣代,同样是乳酪之外,用各种鲜果为饰,别有风味,而且每逢星期六、星期日,只需5角,便宜不少。

纵然是5角,也并非人人可享。根据程乃珊母亲的回忆,20世纪30年代的上海"一个海丝娃纸杯卖二角洋钿,一块海丝娃冰砖售一块洋钿。一张首轮电影院票是六角洋钿。中国银行八仙桥分理处主任,月薪为二百一十六块洋钿。那时一张红木百龄桌连四只圆凳一套售一百二十块，一担米售三块。一个熟手缫丝女工月薪二十块，可见冰淇淋，仍与一般平民大众相距甚远"。[①]

夏日饮冰

对于普通市民来说，价格较为便宜的汽水等冷饮则销量更盛，一时间城市里各餐馆、茶室、咖啡店纷纷辟出"饮冰室"，做起了冷饮的生意。

1930年《旅行杂志》中就有关于上海饮冰室受欢迎程度的生动描述：

夏的恩物，无过于冰了。"浮瓜沉李"果然是消夏韵事。然而哪里及得到饮冰的直截爽快呢？在一个夏季里，上海冰的销数，很是惊人。至于冷饮如汽水果汁之类，也是暑天所不能缺少的。一交六月，临时的饮冰店，陆续在马路两旁开出来。冰淇淋的供给，像食米一般的紧要。凡是酒楼舞场公园等里面，没有一处不带卖冷饮。马路上（卖）冷饮

冠生园什锦圣代半价广告，餐饮娱乐《时报》1937年7月31日

冠生園 什錦聖代……今日半價

郎果子水淇淋

原價一元每逢星期六及日二天半價售五角

---

① 程乃珊《上海 Taste》，生活·读书·新知三联书店2018年版，第119页。

上海饮冰室，引自
"上海年华"数据库

的地方，隔上几十个门面总有一家。凡是往公园散步、剧场看戏
的，总得去光顾一下。夏日饮冰本来是一件赏心乐事，在烦热的都
市里，尤其少不了这种凉剂。所以天气愈热，冰的销场愈大，而上
海人的乐趣也因之而愈加增哩。①

　　饮冰室里当然少不了汽水。汽水初进入中国时被称为荷兰水，
1872年的《上海新报》开始介绍荷兰水机器做荷兰水的各种好处，
尤其说到"生意之中获利之厚，无过于此者"。②

　　随后，《申报》中关于荷兰水的广告就热闹了起来。不过，聪
慧又持家的上海女人，不仅购买现成的荷兰水，还琢磨如何以价廉
物美的方式在家自制汽水。1915年的《妇女杂志》刊登用酒石酸、

---

①　沈沛甘《上海人的消夏生活》，《旅行杂志》1930年第4卷第7期。

②　《外国作荷兰水机器图说》，《上海新报》1872年1月13日第2版。

外國作荷蘭水機器圖說

此圖係作荷蘭水機器也連能作檸
檬水生姜水最堅固可歷久不壞自
有此機器以來至今無有損傷如有
買此機器行中必先試用而後出售
也凡水不潔之處用此機器令水澄
清出賣與人可發大利且飲水勝於
飲酒酒易傷人水無害於人且為人
所必需也其買料資本不過洋銀一
元而所出之荷蘭水則有一百四十
四瓶之多即檸檬水生姜水本利相
同作法稍異耳生意中發利之厚無
有過於此者居家之人無處覓潔淨
之水或於他途買來水價雖賤而路
途遙遠車載船裝水脚過費不若買
此機器之便也此機器每架至賤者
二百二十員洋銀每日能作七百二
十瓶荷蘭水也頂大者每架洋三百
二十元每日能作荷蘭水三千六百
瓶之多但此須用人工若用火輪增
價不多更省事矣

《外国作荷兰水机器图说》，《上海新报》1872年1月13日

上海屈臣氏
汽水厂制造可口
可乐机器之鸟
瞰,《艺文画报》
1947年

小苏打和枸橼油等物在家制造荷兰水的方法。其介绍方式之专业,

不像是食谱,倒像是化学实验了。

在荷兰水扎根上海之后,又出现了新的时尚饮品——可口可乐。
最初可口可乐在上海并没有大获成功。但是在不断的商业运作之下
开始脱颖而出。成为在上海滩销路顶广的饮料,差不多每一家冷饮
店、酒菜馆及舞厅都贩卖可口可乐。民国上海甚至出现了可口可乐
自动售卖机,只要投放一枚铜币,可口可乐便会从机器中掉落。

酸梅汤

可口可乐在民国上海,是同类产品中价格较高的,并非今日一
般的国民饮料。对于老上海的普通民众而言,酸梅汤才是夏日里不
可或缺的一款解暑饮品。夏日里上海酸梅汤市场有着壮观的场面,

郑福斋照片，引自"上海年华"数据库

爱多亚路的郑福斋，成天成夜挤拥着喝酸梅汤的主顾。还有马路上、弄堂口，到处都是酸梅汤的摊头。那椭圆形的白色木桶上，漆着鲜血似的"北平或天津酸梅汤"字样，于是我们知道：酸梅汤是北京和天津的最好。[1]根据《申报》记载当时的上海舞场餐馆，橘汁一杯，冰淇淋一盏费洋二三元，而酸梅汤一杯，仅需洋一角。正因为价格亲民，所以在女作家林徽因笔下，较为艰辛讨生活的挑夫，在1934年的夏季也耐不过酷热，肯花钱饮一杯，"酸凉的一杯水，短时间的给他们愉快"。[2]

冷饮摊

热浪炎炎的上海街头，让普通大众趋之若鹜的，是街头上的冷饮摊。冷饮摊里面同样有冰冻汽水、果子露、酸梅汤、棒冰、冰淇

---

① 梅厂《酸梅汤》，《世界晨报》1937年7月15日第2版。
② 林徽音《九十九度中》，《学文月刊》1934年第1卷第1期。林徽因原名林徽音。

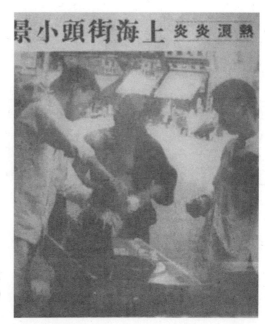

上海街头的冷饮摊,《大美周报》1940年第65期

淋等物出售。只是这里要便宜许多。1948年,可口可乐在夜总会里卖80万元,在咖啡馆中卖20万元,在摊子上就只要6万元,便宜许多。所以天越热,生意越忙。只是这冷饮摊主赚钱也苦,在极热的时候,一天也就只能赚上一点小钱勉强果腹。

凉茶

金钱如同一堵厚墙,把民国上海的夏天分隔成了贫富两个世界。1948年的上海夏天,在吕白华的文中,是苦闷阶层最厌恨的一个季候。因为自从战火投向这繁华的都市以后,一直到现在,仍然

喝凉茶的黄包车夫，
《消夏》1935年6月号

没有改变，穷人的生活越发困苦。他写道：

　　时代愈演变，生活的争取愈艰难，我们不断炊算大幸事，是
的，除了金满赢上海的人及谁容许不去热行，而今年的上海之夏，
更不得了，稍可以驱热的凉饮，那标价先噤住了我们，一支冰砖得
五六十万元，穷小子只有眼馋。[1]

　　在酷烈的日光下，对于流着汗的劳动者，更加普罗的冷饮还是
凉茶，卖茶小贩的身影在当时上海街头随处可见，凉茶的价格也最
为经济实惠。

---

[1]　吕白华《夏天在上海》,《黄河》1948年复刊第6期。

曾经那些具有老上海时代气息的冷饮，伴随着一张张历史图片，一篇篇新闻报道，带我们一窥民国时期上海社会风貌，感受夏天中不同阶层的人的生活情况。看富人的时尚摩登，也看普罗大众的艰辛困苦。至于丰富又多样的冷饮，真正意义上走进千家万户，还是要等到中华人民共和国成立以后，上海的冷冻饮品工业得到迅猛的发展，工艺、设备与管理亦日趋完善开始说起。

从咖啡店吃瓜，
到西瓜自由，
老上海的吃瓜历史是一百多个夏天里的清甜记忆。

老上海吃瓜史

　　每到炎炎热浪，西瓜就成为上海人的心头宝。上海人究竟有多爱吃瓜？根据《新民晚报》的一则新闻，上海人吃西瓜，连续两年拿了全国冠军。对于土生土长的上海人来说，弄堂里打井水浸西瓜，更是永远的少年回忆。那么，你知道西瓜在上海的种植和发展经历了怎样的过程？上海人是什么时候实现西瓜自由的？

　　根据地方志显示，上海地区西瓜种植历史源远流长。明万历《崇明县志》上已有种植西瓜的记载。早期的崇明西瓜品种主要为黑皮西瓜。南汇、松江、三林塘地区也能找到不少关于西瓜的记载。据清乾隆年间《南汇县新志》记载，清初当地已种植西瓜，品种有乌皮黄瓤、乌皮白瓤、花皮雪瓤等。光绪初年引进洋西瓜，当时仅少数农户小面积种植，亩产量不高。同治《上海县志》载，同治年间，"沪郊西瓜以三林塘雪瓤西瓜为最，味甜、质脆、水多，为西瓜中上品"。此外，花木、北蔡、高桥等地区种植西瓜也已有100多年历史，但多数系三亩、五亩的零星种植。这个时期的上海人还谈不上吃瓜自由。

咖啡馆里吃西瓜

民国时期的上海，商埠开放、华洋并处，繁华之地。西瓜也在明星的加持下被演绎出海派文化魅力。民国电影明星胡蝶的一番话也说明西瓜受欢迎的原因："西瓜味既甜，汁又多，比冰淇淋又来得经济，而且是完全国产，真是炎夏的解渴妙品。"1936年《电声》杂志封面为胡蝶女士的吃瓜三部曲。

没想到吧，夏日民国上海咖啡馆里热销的居然

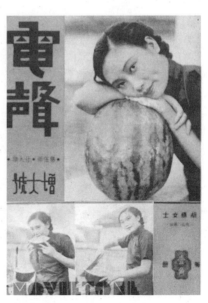

胡蝶吃西瓜，《电声》1936年第5卷第29期封面

泰山咖啡馆以冰西瓜作为招徕顾客的手段,《申报》1945年7月29日

是冰西瓜。民国时期,是上海咖啡馆发展最为蓬勃的时期,主城区就有三四百家咖啡馆。由于竞争激烈,经营者也绞尽脑汁出新招。面对酷暑,咖啡馆推出冰西瓜,立即受热宠。《申报》咖啡馆的广告也说明:特备雪藏蜜甜西瓜分客献奉。

不过对于劳动者来说,西瓜还是奢侈品。舍不得买整个瓜吃,摊头小贩就剖瓜零卖,苦力平民才能尝一尝。普通百姓为了真正做到物尽其用,据上海报人天虚我生(陈蝶仙)在《家庭常识》报纸中介绍会将西瓜皮擦上盐腌制一夜做成可口小菜,一点也不浪费。

天气炎热、西瓜上市,普通百姓舍不得畅快吃,那种瓜人呢?1934年7月6日的《时报》号外头版,刊登了种瓜人舍不得吃瓜、挑到上海来卖的辛苦劳作照片。相对于吃瓜人的甜,种瓜人的生活

是苦的。地方志里还有记载
反映卖瓜人痛苦生活的《卖
西瓜》歌舞。该舞流行于原
上海县七宝镇一带，传说20
世纪30年代初，江苏盐城人
王阿二，俗名"抽糖阿二"，
迁居七宝镇时传来的，1949
年前七宝每年农历三月十五
日有庙会，王阿二每年都要
跳此舞。《卖西瓜》主要反
映小贩卖西瓜的情景，表演
时，一个商贩打扮的青年，
一手执用纸糊的半爿大西
瓜，一手执蒲扇，雀步跳跃
行进，边歌边舞。其歌词：

辛苦挑担来上海的卖瓜人，《时报》
1934年7月6日

"西瓜种得甜来嗨，一只铜板买一块，哎嗨，哎嗨，卖一块……"
意思是自己生活苦，西瓜甜却甜在人家嘴上，这充分反映了当时卖
瓜人的痛苦生活。①

---

① 《卖西瓜》，《中华舞蹈志·上海卷》学林出版社2000年版，第53—54页。

1949年后，随着人民生活的改善，这种叹苦经的歌舞才停演。

西瓜自由之路

中华人民共和国成立之初，上海西瓜种植面积不高，且产量低，品种少。在20世纪60年代至80年代，西瓜在上海属人民生活必需品，是夏季防暑降温，实行计划配给的必备商品。在一般年份，每到七八月高温季节，西瓜总是供不应求。一般居民如要在高温季节购买西瓜，则比较困难。只有发烧38.5℃以上，凭病历卡才能买西瓜。当过上海市商委主任的张广生回忆："记得有一次，我发烧38.2℃，拿着病历卡到水果店去买西瓜，水果店的工作人员坚持原则就是不卖，说要38.5℃以上才有资格，只好'望瓜兴叹'。"

那年代，卖西瓜还有两种形态，也是现代人们所少见的。一种西瓜，只卖瓤，不卖皮。据说皮要加工制作罐头，瓤卖给居民，一举两得。就近的居民会拿着各种锅子、盆子，排队购买西瓜瓤。还有一种西瓜只能堂吃，不能外卖。据说是为了留籽，不知是留作种子还是加工西瓜子用。幸运的话，遇到堂吃西瓜，可以吃个饱。

上海市民何时走上了西瓜自由之路的呢？这要从1984年开始说起。当年，中国工程院院士、新疆农科院哈密瓜研究中心育种专家吴明珠教授培育出了最为出色和优秀的第24组良种。由于是早熟品种，故名"早佳8424"西瓜。"8424"的名字正由此得来。除了培育良种，吴明珠还让西瓜实现了一年三季可种，加速推动了中国成为世界最大的西瓜生产国和消费国。值说一提的是，吴明珠和袁隆平是大学同学。

感谢两位科学家，一位让中国人"吃饱了"，一位让中国人"吃上好西瓜"。

食物也会用自己的方式，与上海进行告别。

告别是食品工业的进步，理念的更新，

也许留下的，才是最好的。

旧时味道

——百年前的上海爆款美食

美食如同文化的隐秘印记，随着时间的流转，有些逐渐沉淀，至今能依稀追寻到最初的模样。然而，还有一些曾经风靡一时、广受追捧的美食，却在时代的变迁中悄然消失，无声地与民国上海挥别。这些珍馐在繁华的街头巷尾，曾经是人们口中津津乐道的传奇，如今却化作历史尘埃，留给后人一片淡淡的怀想。盘点那些消失的美食，寻找昔日的味道、理解告别的意义。

牛髓饼干

以上海人对饼干的特殊情结，民国时期的上海美食地图上可少不了饼干这一项。饼干最初是一种外来食品，清末输入我国沿海地区。清光绪三十三年（1907），我国第一家罐头食品厂——上海泰丰罐头食品公司就开始大批量生产饼干。上海的一些大厂如冠生园、马宝山、泰康、沙利文等均采用机器制造。技术的现代化，使上海的饼干质量在国内名列前茅。各类松、酥、脆，香气浓郁，口味各异的饼干迅速捕获上海人的心，成为上海美食名片。但若非翻回当年报刊，很难想象在民国时期，竟还有一种口味如此火爆的饼干——牛髓饼干。

如果按照现在人的眼光，把牛髓和饼干联系在一起多少是有点黑暗料理的意思。最初发明这个饼干的甚至不是点心铺，而是牛肉庄。按照《申报》所记："……北四川路横滨桥北德顺牛肉庄陈安余君，近发明牛髓饼干一种，系用童牛骨髓，及富于滋养等食品所合制。有健脾开胃、补精益髓之功效，各南货店均有发售云。"[①]

在《新闻报》的广告中，这由肥壮牛骨髓并用鲜洁牛乳制成的饼干，并不像是一款零食更是冬令进补佳品，体弱者食之百病消除，转弱为强。[②]

不断追求创新的冠生园，自然不会错过这个口味。冼冠生也嗅到了这个商机，生产了牛骨髓饼干。并且同样主打冬令进补之功

---

① 《牛髓饼干之创制》，《申报》1924年12月4日第15版。

② 《破天荒冬令唯一大补品——牛髓饼干》，德顺洋行牛肉庄食品饮品《新闻报》1923年12月1日第10版。

《破天荒冬令唯一大补品——牛髓饼干》,《新闻报》1923年12月1日第10版

效:"早晚以之做茶点,有壮筋骨活血液之功,不特隆冬不惧寒冷,来春精神百倍于常。"①而且冠生园的商业化运作更为成功,在《新闻报》《新世界》《申报》《时事新报(上海)》《工商新闻》《上海报》《社会日报》《大晶报》《小说日报》等报纸刊登其广告。所以牛髓饼干,行销以来,历届冬令,颇为各界乐购。②

不仅冠生园在不断进取,金风送凉时届秋令,大中饼干制造厂

---

① 《冠生园牛髓饼干》,《申报》1927年12月12日第7版。

② 《冠生园牛髓饼干畅销》,《申报》1929年12月7日第16版。

北风飙飙
冷气侵浸
寒威逼窘
炙腐迫人
红炉未暖
重裘不温
牛髓饼乾
食冠生园
精神百倍
暖热全身

司公限有园生冠
乾饼髓牛
KWAN SUN YUEN & CO. LD
BEEF SUET BISCUIT

支店南京路　總店河南路

冠生园牛髓饼干广
告,《时事新报》1927年
12月31日第4版

也投入生产这款"合界仕女渴望已久之滋补强身牛髓夹芯梳打饼
干"。[①]口味上与冠生园有所差异,是夹心苏打味。

　　与现在的饼干广告不同,在这个热热闹闹的民国牛髓饼干广告
中,少有对口味的介绍。无论是哪家的广告,都是重点突出在滋补
强身上。这个可能是由于民国时期上海的医药价格并不便宜,各类
传统补品也颇为昂贵。因此,像饼干这样的消费广告,多以"强身
滋补"为诉求就在情理之中了。而如今滋补方式日益增多,自然饼
干也回归好吃香脆的零食本质了。而现在市面上也搜不到一款牛髓
饼干了。

---

　　①　《牛髓夹芯梳打饼干》,《申报》1944年9月26日第2版。

牛肉汁

牛肉汁已经消失,这不是一个严谨的说法。在某宝网上,依然可以搜到海外代购的保卫尔牛肉汁,其外形包装颇似当年。只是,现在的我们很难想象牛肉汁曾经作为一款西式补品在民国上海的风靡程度。彼时,欧风东渐,科学昌明,牛肉汁盛行,销售者大登广告,报刊上也不遗余力地介绍食用牛肉汁补益身体。《申报》上历年来各类牛肉汁的广告及新闻报道就有至少7000多篇。单以1934年为例子,就有361篇。加上其他报刊,简直可以说牛肉汁新闻天天见。

采撷几则当年的广告,大略感受牛肉汁在上海市场上的繁荣。

牛肉汁在当年还有几种吃法,可以涂在吐司上吃,味道极好,

五四牛肉汁即牛肉汁精,《申报》1929
年10月28日第18版

牛肉汁广告,《申报》1899
年8月25日第12版

因为它是浆状的,浓厚可口。可以冲茶喝,用牛肉汁一勺,可冲浓

郁的牛茶一杯,在办公之后,或是午前午后吃,顿时倦意尽消。还

可以涂在方形松脆的咸饼干上,两方合起来吃,非常鲜美。[①]

当然牛肉汁的大行其道,还是因为其功效。1906年在上海出

版的余姚颐安主人所撰竹枝词《沪江商业市景词》中,有《牛肉

汁》一诗,介绍"蛋白质多推妙品,功能补胃润枯肠"。如若看当

---

① 增《牛肉汁的吃法几种》,《大公报》(上海)1937年1月28日第12版。

屈臣氏大药房新
到老牌牛肉汁,《新闻
报》1915年3月14日
第10版

年《妇女杂志》就可以知道,小儿健壮的补食物品,也必须得有牛肉汁一席之地。牛肉汁对于营养不佳、患贫血病的孩子尤为重要。①

不仅是普通市民,连李鸿章、吴汝纶、翁同龢、袁世凯、孙中山、胡适都曾吃过这个牛肉汁,并在各自的日记、回忆录、传记中留下了相关记载。四川总督刘秉璋的儿子刘声木记载,李鸿章晚年颐养之品,只日服牛肉汁、葡萄酒二项,皆经西医考验,为泰西某某名厂所制,终身服之,从不更易。②孙中山最后时期,每日只食从协和医院取来的牛肉汁,其他饮食少进。③

从现在的眼光来看,牛肉汁并不是肉的"精华",只是肉的

---

① 瞿宣颖《育儿问答》,《妇女杂志》(上海)1917年第3卷第4期。

② 姜鸣《却将谈笑洗苍凉》,生活·读书·新知三联书店2020年版,第317页。

③ 马湘《跟随孙中山先生十余年的回忆》,载民革中央宣传部编《回忆与怀念:纪念孙中山先生文章选辑》,华夏出版社1986年版,第106页。

"部分营养"。对于是否能有当年广告所述滋补效果还是值得存疑的。只是百年前，人们的选择很少，如果要论饮食结构中较卫生、便于保存、宜于消化，也确实找不到比牛肉汁更好的营养补充剂。而如今，科技进步带给我们更多选择。牛肉汁虽然仍然存在，但早已褪去了绝世补品的光环，如今以烹饪调料的形式再次出现。虽有落寞，但更多的是科技进步的感叹。

弄堂马奶

有人回忆，老上海石库门弄堂的叫卖声是最美妙的音乐。"的哆的哆"来了一匹马。那是卖马奶的。夏天的时候。喝一碗马奶。可以一直清甜凉爽到心里……[1]

对于当代上海人来说，在城市里见到马大概仅限于在马场骑马。很难想象百年前还能在弄堂里喝到新鲜挤出的马奶。在民国上海弄堂里，在夕阳将下的时候，你可以看见马夫牵着一匹白马在路上经过。马头下系着铜铃。背上盖着一条毡毯，态度很从容的，看上去像是遛马，其实是挤马奶的。马奶是上海有产阶级的一种冬令补品。冬令补品虽以牛奶居多，但是有一部分人说，牛奶有火气的，热体人不宜服用，因改食清凉的马奶。上海人尚无大组织的马

---

① 刘保法《白相大上海》，上海人民出版社2003年版，第107页。

《上海弄堂写真——挤马奶》,《社会日报》1934年3月28日第1版

奶公司,欲食马奶,唯有命马夫牵乳马上门,当面挤奶。①

　　对于生长在上海的孩子,难得在弄堂里见到这样大的动物,自然感到十分新奇。但是在成人的眼中,却有另外的解读,那是对艰辛生活的同情。在陈望道编辑的《太白》期刊中刊登过这样一个故事:

　　我却看了若干若干"为了活"的东西们,"活"的方式:早晨,铃唧,铃唧……小小的声音会从睡梦里醒觉了我,马上我就知得这是给楼下人家送马乳的来了。这是一匹怪不成形的马,由一个怪不成形的人牵引着。他看来好象没有肩膊头,可是明明白白一只漆了的小桶,却挂在他的肩上。"铃唧,铃唧"……的声音,便是从这

----

① 汪仲贤《挤马奶》,《社会日报》1934年3月28日第1版。

马胸前一只悬着的小铜铃发出的。马的脚打着水门汀弄堂的地，卜登，卜登……每天便卜登在这个时候。每天是这样来来去去。"开门啊，马奶！"照例，他由那个女人的手里先接过一条温温的手巾，和一只洗得透明的玻璃缸。挤得那不成形的马，再不能有乳流出来的时候，人要牵起它来走一转，而后回来再开始榨取，一直到满了那玻璃缸。马的眼睛始终是红着的，马的毛片和尾巴也从来是焦灼的打着曲蜷。盛在玻璃缸内的乳汁却是晶白的，白得好似凝结的石头。这乳对于人有什么用呢？我也不知道。大约不是婴儿待吃，就是大人吃，若不然就是有美的女人用它来洗脸。马总是沉默忍受的任着榨取。有时许是榨取得太难受了吧，它会把头摆一摆，脚抬一抬，鼻子哼两声就完了。人也说是摆着他翅膀似的长衫，拖着象是从来就装过一双鞋子的脚，踏着铃唧，铃唧……声音，每天是这样。[①]

马奶从上海弄堂中消失，是时代变迁的必然结果。现代交通和物流的便利让新鲜乳制品触手可得，随着卫生意识的提升和工业化生产的普及，马奶这一曾经熟悉的弄堂记忆，终究淹没在时代的洪

---

① 三郎《为了活》，《太白》1935年第2卷第3期。

流中，成为记忆中的一抹淡影。

美食的产生是时代的馈赠，而美食的消亡则是岁月的流逝。从历史的角度看，那些消逝的美食不仅见证了城市的变迁，更记录了一个时代的文化和社会风貌，是我们窥探昔日上海风情的一个窗口。

附录一　烹饪名汇^①

川 Boiling：物品投入沸水锅中，急火煮之，一滚即起锅。实为穿字，如川鲫鱼汤，川三片汤，川糟青鱼汤。

氽 Frying：物品投入深沸流质锅中煮之。有油氽 Frying、水氽 Poaching 之别，如油氽豆，油氽馒头，油氽鱼，油炸桧；水氽蛋，水氽圆子。

拌 Mixing：物品不必烧煮，和味或加料相拌即可成肴。如拌马兰头，拌蒿笋，香椿头拌头腐，拌干丝，麻酱拌粉皮，冷杂拌。

炒 Frying：物品投入少量之热油锅中，用铲刀恒拨搅之，如炒牛肉丝，炒虾蟹，炒三冬，炒四件。

炙 Grilling：物品面涂油脂在清火上燔炙，须无烟味，如炙素脏，炙子鸡。西餐之铁扒鸡胸，铁扒牛排，铁扒鸽子。

炸 Frying：物品投入深沸油锅煎，使油透物品而成嫩黄松脆，

---

① 来自《天厨食谱》1941年版。

如炸时勿使油透内部，则将物品表面涂以面粉，鸡蛋清，面包屑等；如炸土司（面包），炸八块，炸猪排，炸板鱼。

炰 Frying：物品投入沸油锅中，加盖而炸，发霹雳声，肉类表皮盖成硬质空洞，因原物脂肪太厚，走油之法也。或作物品在沸油锅内煎炒亦称，如油炰虾，生炰肚。

风 Airdrying：将物品悬于不见日光透风之处阴干者，大都在秋冬节行之，可以久贮少腐败。鸡，鱼之类，须清除胃肠。鸡则带毛与否均可，如风鱼，风鸡，风肉。

焓 Boiling：煠也，物品在白沸汤中煮之酥烂，惟此字仅西菜中探用，华菜绝少见。如焓鱼，焓羊肉，焓蔬菜。

浦 Poaching：物品在白沸汤中氽煮，沸滚即去锅。又作波字，如鸡蛋去壳而煮曰：水浦蛋，浦蛋汤。西菜之各种波蛋汤。

烘 Baking：物品盛置器中，使炉火热气透入物品而煮熟者。器底略置油脂或水，以防物品焦粘，实干煮也。中菜用烘煮者甚少。西菜则如烘马交鱼，烘海林鱼，烘牛肉。

烙 Baking：物品和味盛器中而于热炉内烘熟。此字专用于西菜制法，如烙小牛心，烙龙虾。

烟 Smoking：物品直接靠近爇火之锯木屑上熏，使物品上留有烟味，如西菜中之烟黄鱼，烟鲳鱼。

穿 Boiling：物品置沸汤中略煮，一透即起锅，同川字，普通喜简便，此字今不常用。

烤 Broiling：物品置于铁叉或铁钩铁格，直接向无烟煤炭火上熏炙，如挂炉鸭，烤乳猪。烤肉则先烤内部后烤外皮。

焗 Stewing：物品和味加作料同煨，使物品酥烂入味。此字在西菜制法中见之，如焗鹌鹑，焗蟹兜。

焊 Roasting：物品在干热炉上烘熟之称，大都饼点之类，菜肴绝少。

焙 Baking：物品在热锅中干烘熟之，亦用于制糕饼等类。与煏字相同。

煮 Boiling：物品置大汤之锅中，火候适中，长时间烧煮，如煮干丝，烂糊肉丝。

嵌 Stuffing：物品中嵌入其他物品而煮者，如油泡嵌肉，鲫鱼嵌肉。

煎 Frying：物品在少量沸油锅中煎熬，煎时火勿过猛，防物品焦枯及火着锅内燃烧，如煎鱼，煎蛋，煎牛排。

煏 Baking：音必，物品在上下热锅中烘熟，大都用在饼点制法。

溜 Stewing：物品在锅中将煮熟时，加其他和味品渗溜入物品内，如醋溜黄鱼，糟溜鱼片，溜黄菜，溜鸽松。

煨 Stewing：物品和水及其他调味品作料入锅，用武火煨煮，各味渗透物品，汤汁浓厚，如白煨肉，淡菜煨肉，芋艿煨白菜。

煲 Stewping：物品和水及调味品或加油脂入锅，长时间煮熟，紧汤或无汤，如鸡煲饭等。或于沸汤中煮物亦称煲，同焓。

辣 Acriding：物品中和以辣椒或辣酱辣油同煮者，如辣椒鸡丁，炒辣酱。

熬 Frying：物品本身含脂肪太多，在热锅中熬泄其一部或全部，乃走油也。

煨 Broiling：即煨字，物品和以调味品及作料，封装磁罐或陶罐内，在爇火之锯木屑中长时间煨之，如煨酥豆，五香茶叶蛋。

蒸 Steaming：物品盛器皿中置于蒸笼，隔水取水蒸汽及热力蒸熟者，如蒸鱼，粉蒸肉，蒸馒头，蒸蛋糕。

煠 Semi-steaming：物品本身水分太富，乃在锅中煠拨使物品受热均匀，泄出水分，如煠草头，煠马兰头，煠粉皮。

卤 Spicing：物品和酒酱水或加香料同煮，其汤成稠浓重味羹汁曰卤，如卤肫肝，卤肉，卤舌，卤鸭。

炝 Winesoaking：以鲜活之虾，蚶子，蛏子，蟹等，用酱油，陈酒，姜末，浸渍之，不必烧煮，即可供食。

醋 Devilling with Vinegear：物品加醋烧煮，如糖醋排骨，醋黄鱼，炒醋鱼，酸辣血汤。

渍 Saiting：物品浸渍于盐水中，一为防腐，二使物品泄水结实，如盐渍菜，渍肉，咸渍鱼。

焖 Braising/En Casserole：食品和以酱油酒作料水等，置入焖罐盖密，用急火煨至酥烂，如酒焖肉，黄焖鸡，焖鸽子。

醉 Winesoaking：以陈酒浸渍鲜活水产品，如醉蟹，醉虾，醉蚶，同炝。

浇 Sprinkling：物品已制成菜肴，起锅后在菜面再浇以其他调味品，如麻油，酱油精液，糖醋汁。

泼 Sprinkling：同浇，有铺散不积聚一处之意。如泼马兰头，泼草头。

喷 Spraying：使浇于菜肴之物品，若化气喷散，如熡金花菜，须以烧酒喷之。

熯 Roasting：同焊，在热锅上烘焙，如熯面饼。

腌 Salting：肉类欲久藏不腐，乃以盐或加胡椒香料表里揉擦，须经数度，沉浸卤中数日，使内部透进，然后晒干，乃可久贮。

烧 Braising：物品和味加作料水等入锅，加盖文火烧煮，大都宽汤，如红烧肉，红烧块鸡，烧羊肉，烧山鸡。

燔 Baking：物品外裹其他能耐高热物质如泥土等，在火上灼之，使油脂外泄，物品香酥，如燔熊掌，叫化鸡。

炖 Broiling：物品和味加作料盛器皿中隔汤蒸之，蒸时须防止水蒸汽及锅盖回汽水之渗入菜肴，如清炖甲鱼，神仙鸡，炖蛋，凤爪花菇汤。

烩 Stewing：同煨，物品和味煨至酥烂，汤汁亦成稠腻。此字在西菜制法中常用，如水榄烩水鸭，烩羊肉，烩猪排，烩鸡胸。

糟 Winesoaking：以香糟浸渍食物，有糟后即可食者，如糟蛋，糟乳腐。糟后须煮而可食者，如糟肉，糟鱼，糟鸡。临时加糟煮者，如糟溜鱼片。

熏 Smoking Grilling：物品在蓺火之锯木屑上熏炙，留有烟味，如熏蛋，熏鱼，熏田鸡，熏青豆，熏肠，熏肚子，熏素脏。

馅 Stuffing：物品中嵌藏其他物品而煮，如有馅排肉，烘馅鱼，八宝鸭，糯米鸡。

酱 With-Sweet：物品经甜酱浸渍或和甜酱同煮者，如酱乳腐，酱瓜，酱肉，酱鸭，酱牛肉。

爁 Boiling：即"爉"字，物品置于大汤锅中和味烧煮，使食品酥烂，如白爁肉，竹笋腌爁鲜肉。

腊 Grilled and Salting：近腌，惟在腊月内所腌者称之，如腊腿。但腊肠之制，则不限时令，随时可制。

瓤 Stuffing：物品中镶嵌其他物品或加瓤作料同煮，如瓤冬菇，瓤鸽子、瓤鱼柳。

附录二 沪上酒食肆之比较（1922）[①]

余为狼虎会员之一，当然有老饕资格。既取得老饕资格，而又久居沪滨，则于本埠各酒食肆，当然时时光顾。兹者《红杂志》增设社会调查录一栏，方在搜求材料，余因于大嚼之余，根据舌部总司令报告，拉杂书之，以实斯栏。值此春酒宴贺之际，或可供作东道主者之参考。然而口之于味，未必同嗜。余所论列，亦殊不能视为月旦之评也。

沪上酒馆，昔时只有苏馆（苏馆大率为宁波人所开设，亦可称宁波馆。然与状元楼等专门宁波馆又自不同）、京馆、广东馆、镇江馆四种。自光复以后，伟人政客遗老，杂居斯土，饕餮之风，因而大盛。旧有之酒馆，殊不足餍若辈之食欲，于是闽馆、川馆，乃应运而兴。今者闽菜、川菜，势力日益膨胀，且夺京苏各菜之席矣。若就吾村人之食性，为概括的论调，则似以川菜为最佳，而闽

---

① 原刊《红杂志》第33—35期，作者为严独鹤。

菜次之，京菜又次之。苏菜镇江菜，失之平凡，不能出色。广东菜只能小吃，宵夜一客，鸭粥一碗，于深夜苦饥时偶一尝之，亦觉别有风味。至于整桌之筵席，殊不敢恭维。特在广东人食之，又未尝不大呼顶刮刮也。故菜之优劣，必以派别论，或欠平允。宜就一派之中，比较其高下，庶几有当，试再分别论之。

（甲）川菜馆

沪上川馆之开路先锋为醉沤，菜甚美而价奇昂。在民国元、二年间，宴客者非在醉沤不足称阔人。然醉沤卒以菜价过昂之故，不能吸收普通吃客，因而营业不振，遂以闭歇。继其后者，有都益处、陶乐春、美丽川菜馆、消闲别墅、大雅楼诸家。都益处发祥之地，在三马路（似在三马路广西路转角处，已不能确忆矣。）其初只楼面一间，专售小吃。烹调之美，冠绝一时，因是而生涯大盛。后又由一间楼面扩充至三间。越年余，迁入小花园，而场面始大。有院落一方，夏间售露天座，座客常满，亦各酒馆所未有也。然论其菜，则已不如在三马路时矣。陶乐春在川馆中资格亦老，颇宜于小吃。美丽之菜，有时精美绝伦，有时亦未见佳处。大约有熟人请客，可占便宜，如遇生客，则平平而已。消闲别墅，实今日川馆中之最佳者，所做菜皆别出心裁，味亦甚美，奶油冬瓜一味，尤脍炙人口。大雅楼先为镇江馆，嗣以折阅改组，乃易为川菜馆，菜尚佳。

（乙）闽菜馆

闽菜馆比较上视川菜馆为多，且颇有不出名之小馆子，为吾侪所不及知者。就其最著者言之，则为小有天、别有天、中有天、受有天、福禄馆诸家。大概"有天"二字，可谓闽菜馆中之特别商标。闽菜馆中若论资格，自以小有天为最老，声誉亦最广。清道人在日，有"天天小有天"之诗句，燕集之场，于斯为盛。若论菜味，固自不恶。然亦未必能遽执闽蔡馆之牛耳也。别有天在小花园，地位颇佳，近虽已改组，由维扬人主其事，然其肴馔，仍是闽派。闻经理者为小有天之旧分子，借此别树一帜，则别有天之牌号，可谓名副其实矣。至于菜味，殊不亚于小有天，而价似较廉，八元一席之菜即颇丰美。中有天设于北四川路宝兴路口，而去年新开者，在闽菜馆中，可谓后进。地位亦颇偏仄，然营业甚佳，小有天颇受其影响。其原因由于侨沪日人，多嗜闽菜，小有天之座上客，几无日不有木屐儿郎。自中有天开设以后，此辈以地点关系，不必舍近就远（北四川路一带日侨最多），于是前辈先生之小有天，遂有一部分东洋主顾为中有天无形中夺去。余寓处距中有天最近，时常领教，觉菜殊不差，价亦颇廉。梅兰芳来沪，曾光顾中有天一次，见诸各小报。于是中有天之名，始渐为一般人所注意，足见梅王魔力之大也。受有天在爱而近路，门面一间，地方湫隘，只宜小酌，然菜亦尚佳。福禄馆在西门外，门面简陋，规模仄小，几如徽州面馆。但所用厨子，实善于做菜，自两元一桌之和菜，以至十余元一桌之筵席，皆甚精美。附近居人，趋之若鹜。此区区小馆，将来之发达，可预卜焉。余既谈闽菜馆，尤有一事，不能不为研究饮食者告。则以入闽菜馆，宜吃整桌，十余元者，八九元者，经酒馆中一定之配置，无论如何，大致不差。即小而至于两三元下席之便菜，亦均可吃。若零点则往往价昂而不得好菜，尝应友人之招，饮于小有天。主人略点五六味，皆非贵品，味亦不佳。而席中算账，竟在八元以上，不啻吃一整桌，论菜则不如整桌远甚。故余劝人入闽馆勿吃零点菜，实为经验之谈。凡属老吃客，当不以余言为谬也。

（丙）京馆

沪上京馆，其著名者为雅叙园、同兴楼、悦宾楼、会宾楼诸家。雅叙园开设最早，今尚得以老资格吸引一部分之老主顾。第论其营业，则其余各家，均以后来居上矣。小吃以悦宾楼为最佳。整桌酒菜，则推同兴楼为价廉物美。而生涯之盛，亦以此两家为最。华灯初上，裙屐偕来，后至者往往有向隅之憾。会宾楼为伶界之势力范围，伶人宴客，十九必在会宾楼，酒菜亦甚佳。特宴集者若非伶人而为生客，即不免减色耳。

（丁）苏馆

苏馆之最著名者为二马路之太和园，五马路之复兴园，法大马路之鸿运楼，平望街之福兴园。苏馆之优点，在筵席之定价较廉，而地位宽敞。故人家有喜庆事，或大举宴客至数十席者，多乐就之。若真以吃字为前提，则苏馆中之菜，可谓千篇一律，平淡无奇，殊不为吃客所喜。必欲加以比较，则复兴园似最胜，太和园平平。鸿运楼有时尚佳，有时甚劣。去年馆中同人叙餐，曾集于鸿运楼，定十元一桌，而酒菜多不满人意。甚至荤盆中之火腿，俱含臭味，大类徽馆中货色，尤为荒谬。福兴园于苏馆中为后起，菜亦未见佳处。顾余虽不甚喜食苏馆中酒菜，而亦有不能不加以赞美者，则以鱼翅一味，实以苏馆中之烹调为最合法，最入味，决无怒发冲冠之象。此则为其余各派酒馆所不及也。（济群曰：独鹤所论，似偏于北市。以余所知，则南市尚有大码头之大醋楼，十六铺之大吉楼，所制诸菜，味尚不恶。）

（戊）镇江馆

镇江馆之根据地，多在三马路。老半斋、新半斋，望衡对宇，可称工力悉敌。其余凡称为某某居者，亦多为镇江酒馆，特规模终

不如半斋之大耳。镇江馆菜宜于小吃，肴蹄干丝，别饶风味，面点
尤佳。迄今各镇江馆，无不兼售早点，可谓善用其长。惟堂倌之习
气，实以镇江馆为最深。十有八九，都是一副尴尬面孔，令人不
耐。然座中客如能操这块拉块之方言，与之应答，则伺应亦较生客
为稍优云。（济群曰：余亦颇嗜镇江馆肴肉包子之风味，顾以堂老
爷面目之可憎，辄望而却步。今阅独鹤此篇，足征镇江馆堂倌之冷
遇顾客，乃其能事，且肴肉等价亦甚昂。然则吾辈，花钱购食，原
在果腹，何必定赴镇江馆，受若辈仆厮之傲慢耶！）

（己）广东馆

广东馆有大小之分：小者几于无处不有，而以北四川路及虹口
一带为最多，大抵皆是宵夜及五角一客之公司大菜肴，实无记载之
价值。大者为杏花楼，粤商大酒楼，东亚、大东、会儿楼诸家，比
较的尚以杏花楼资格为最老，菜亦最佳。其余各家，则皆鲁卫之
政，无从辨其优劣。盖广东菜有一大病，即可看而不可吃。论看则
色彩颇佳，论吃则无论何菜，只有一种味道，令人食之不生快感。
即粤人盛称美品之信丰鸡，亦只觉其嫩而已，未见有何特别鲜味，
此盖烹调之未得其法也。除以上所述诸家外，尚有广东路之竹生
居，大新街之大新楼，南京路之宴庆楼等，则皆广东馆而介乎大小
之间者，可列为中等。余则自郐以下，无足论矣。但北四川路崇明

路转角处，有一广东馆，名味雅，规模不大，而屡闻友朋称道，谓其酒菜至佳，实在各广东馆之上。余未尝光顾，不敢以耳食之谈，据为定论，暇当前往一试也。

除上列各派之酒馆外，又有一品香之中国菜，则实脱胎于番菜，而又博采众派之长者。故不能指定为何派，大可称为番菜式的中国菜。此种番菜式的中国菜，强半出自任矜苹君之特定。菜味有特佳者，亦有平常者，不敢谓式式俱佳。惟论其色采，则至为漂亮。菜之名称，亦甚新颖。有松坡牛肉者，为猪肚中实牛肉，几于每餐必具。云为蔡松坡之吃法，故有是名。可与东坡肉及李鸿章杂碎，并为美谈矣。闻尚有咖啡汤烧鸡蛋一种，不知定何名称，可谓特别之至。任君支配一切，煞费苦心。此大胆书生之小说点将录，所以拟之为铁扇子宋清也。（宁波同乡会之菜，颇似一品香，不知亦为任君所支配否？任亦同乡会之职员也。）一品香、大东、东亚三家，固为旅馆而并营酒菜业者。顾其余各大旅馆，亦当有大厨房，兼办筵席。旅馆中之菜，以振华为最佳。八元以上之整桌，其丰美实在各苏菜馆之上，即两元之和菜，亦甚可口，为其他各旅馆所不及。麦家圈之惠中，能做苏州船菜，然味殊平常，未见特色。酒馆旅馆以外，尚有包办筵席之厨子，亦不乏能手。以余所知，城中陶银楼，实为最佳。其次则为马荣（永）记。陶所做菜，皆能别出心裁，异常精致，且浓淡酸咸，各有真味，至足令人叹美。惟烧鱼翅着腻过多，亦一缺点。马荣（永）记之烹调方法，颇近于一品香，而味似转胜。舍陶马之外，则厨子虽多，皆碌碌无足称述。沪宁铁路同人会中，有一刘厨子，自号为闽派，余于路局员司中颇多戚友。刘厨子之菜，平日亦常领教，觉偶制数簋，味尚不恶，乃有一次某君宴客，由刘厨子承办，定酒菜为十二元一席，而所上各菜，直令人不能下箸。盖论味固咸淡失宜，论色尤令人望而生畏，不论何菜，俱作深黑色，汤尤污浊。每一菜至，座客皆不吃而笑，主人翁乃窘不可言。于此足见用厨子之不易也。

吾前所举自甲至己六种，实犹未足以尽沪上酒馆之派别。盖舍此六者外，尚有回教馆（以五马路之顺源馆及大新街之春华楼为最著名，菜亦尚佳）、徽馆（沪上徽馆最多，皆以面点为主，而兼售酒菜。就目前各家比较之，以四马路之民乐园及昼锦里之同庆园为稍胜，同庆园之鸡丝片儿汤，味颇佳）、南京馆（南京馆与教门馆颇似同属一系者，前春申楼即为南京馆中之最著名者。春申楼之烧鸭，肥美绝伦，为各家所未有）、天津馆（天津馆前有至美斋，生涯颇盛。今则凡属天津馆，皆一间门面之小馆子，无复有场面阔大者矣）等。顾其势力，实较薄弱，只可目为附庸之国，不足与诸大邦争霸也。吾以上所记虽派别不同，可统名之曰荤菜系，顾沪上之酒食肆，除荤菜系外，尚有两大系，曰番菜系，曰素菜系。试更论列之如次。

（一）番菜系

番菜系中，又可折而为二。①真正番菜，②中菜式的番菜。大抵各西洋旅馆中之番菜，皆为真正番菜，而市上所设之番菜馆，则皆中菜式的番菜也。论华人口味，对于真正番菜，皆不甚欢迎，宁取中外杂糅之菜，故此种中菜式的番菜，其势力乃独盛。真正番菜中，以沧洲旅馆之菜为最佳，礼查次之，余则均嫌其淡薄。且冬日苦寒，犹往往具冷食，更为华人所不惯。至华人所设之番菜馆，则以四马路之倚虹楼、大观楼为较胜，余如一枝香、岭南楼等，则皆卖老牌子而已。倚虹楼前在北四川路，以价廉物美著称于时，一元之公司大菜，可具菜六道，且必佐以布丁及罐头水果，布丁之制法极新奇。名目繁多，都非常见之品。自迁四马路后，价稍昂而菜亦稍称逊矣。然较诸其他各番菜馆，似尚高出一筹。侍者之酬应宾客，亦以倚虹楼为最周到。东亚、大东、一品香虽皆以番菜著，然不过卖一场面，论菜殊不见佳。一品香尤逊，忆某次宴集，菜仅五味，而猪排居其二，座客连啖猪肉，皆称奇不置。故余常谓一品香之番菜，乃远不如其中菜也。

（二）素菜系

沪上素菜馆，向只有三马路之禅悦斋、菜馨楼，皆不见佳。自功德林出，乃于素菜馆中，辟一新纪元。盖功德林主人欧阳君，礼佛茹素而又精于烹调，因自出心裁，制为种种精美之素菜。闻今日功德林之厨子，皆亲受欧阳君之训练者。故功德林之菜，如草菇茶及蒸素鹅等数味，实为其他各素菜馆所远不能及者也。然论功德林之性质，实可称为贵族式的素菜馆。每席菜非至十数元殆不可吃，若六元八元之菜，则真食之无味矣。即十数元一席之菜，或亦须研究人的问题。余尝赴欧阳君之宴，席间诸菜无不鲜美绝伦。顾后此复偕友人宴于功德林，菜价为十四元一席，不可谓菲，而菜殊平平，远逊于主人请客时矣。至论各庙宇中之素菜，则以福田庵为最佳。净土庵（在宝山路）曩时甚好，今已渐不如前，若西门关帝庙之菜，直令人大喝酱油汤而已。

余论沪上酒馆，可于此告一终结。酒馆以外，尚有饭店、酒店、点心店三种。大马路与二马路间之饭店弄堂，为饭店之大本营，两正兴馆，彼此对峙，互争为老。其实亦如袜店之宏茂锠，酱肉店之陆稿荐，究不知孰为老牌也。饭店之门面座位，皆至隘陋，至污浊，顾论菜亦有独擅胜场处，大抵偏于浓厚，秃肺、炒圈子实为此中道地货。闻清道人在日，每至正兴馆，可独啖秃肺九盆。天台山农之量，亦可五盆。余亦嗜秃肺，但于圈子（即猪肠）则不敢染指。顾施济群君，能大啖圈子，至于无数，殊令人惊服。（济群对于正兴馆，锡以嘉名曰六国饭店，亦颇有趣）酒店之优劣，余实无品评之资格，盖醉乡佳趣，非余所能领略也。（但比较的似南市王恒豫之酒，视北市诸家为佳，因其酒味最醇）点心店以五芳斋为最佳，先得楼之羊肉面，亦自具美味。特余不嗜羊肉，未见其妙耳。

　　济群曰：独鹤记上海各酒食肆，历历如数家珍。真不愧为狼虎会员哉。

附录三 述我之吃（1925）^①

《吃之经验》，熊君述之详矣。顾犹有未尽者，因举所知，补遗如下。

正席以厨房为佳，而德安里之马永记、后马路之宋桂记，尤竞爽一时。马宋之席，以十元为最低限度，姑以十元论之，全席之菜凡十，四小六大，荤盆四，果碟四，点心二。菜多融会中西二派，味既鲜美，形式尤佳。盛翅之皿，容积颇大，其翅亦殊可口。鸭以胡葱鸭为最擅，若挂炉烤鸭，两家多不擅此。胡葱鸭既嫩且酥，又有特殊风味，实为宋桂记惟一得意之肴，环顾海上诸厨，无有能与之敌。余若八宝鸡等，两家均极得意，惟点心中有曰蒙古馒头者，法以豆沙为馅，而于衣外缀以乳酪。两家多自命为妙制，实则徒炫新奇，一无足取。荤盆时或双拼，杂以沙定鱼等等，有类西餐之冷

---

① 刊1925年10月8日至11月2日《时事新报》，作者署名春蚕，或即张恂子。

盘，殊可口也。十二元者，不过多加二菜而已，余则无甚区别。

中央西餐社，比颇蜚誉于时。肆主人以调羹之庖，为海上独步，几逢人说项；实则中央之汤，远不逮倚虹之美，惟面包则购自沙利文，实为该社特色。

外国饭店，以卡尔登、大华饭店两家，为最多国人踪迹。大华饭店既极轮奂之美，又有园林之胜，所以取价特昂。午餐每客，至需两元有半。刀叉器皿，既不逮卡尔登之精雅，羹汤肴馔，更不如卡尔登之鲜美。冷盘与冰淇淋二品，尤恶之至。至卡尔登之午餐，仅售一元有半，餐室之轮奂，亦不亚于大华，而器皿之精，羹肴之美，迥在大华之上。惟无园林之点缀耳。食以味为主，本无涉乎园林，嗜西菜者，以至卡尔登为宜。

曹家渡之诸酒排间，以糟鸡驰誉海上，实则糟鸡之外，洋葱牛排亦极鲜美，市中诸肆，不如远甚。而尤以惠尔康为最，当日入月上之时，偕二三素心人，餐于其间，别有一番风味。至足乐也。

上所述者，或为熊君所未道，余则悉详熊君所著《吃的经验》中，兹不赘。

川式菜馆，比颇盛行，若都益处，若共乐春，若陶乐春，若大雅楼，若美丽，皆川馆中之卓卓者也。以吾所知，则陶乐春馆址虽隘，陈设虽陋，而其所烹调，实多美味。大雅、美丽，品斯下矣。

昔望平街有醉沤轩者（其址似即今之民国日报馆），实为海上川馆之滥觞。轩中陈设，精雅有致，张壁书画，亦多名人手笔。今都益处所悬之"人我皆醉，天地一沤"一联，犹是当年醉沤旧物，惟其时闽菜方盛，聚餐宴客，非小有天、别有天不欢。重以川馆取价特昂，以是不获脍炙人口，未几，即以营业衰微，而宣告歇业。实则醉沤所调之"叉烧云腿""干煸鳝鱼"等品，其味绝胜，迥异等伦。

就餐川馆，以整席为廉，苟零星小吃，则以三四人之寡，六七簋之微，有费至十元以上者。盖一味奶油鱼唇，即需大洋六圆也。若整席，则虽八元十元者，已足供八九人之大嚼矣。

陶乐春质胜于文，"干贝萝卜""辣子鸡"两味，鲜肥甘美，远非他家所及，肴馔既丰，调味又美，以是室虽两椽，而生涯殊盛。

都益处之烹调，初无一定标准，时或精美绝伦，时或不堪下箸。或曰："非老主顾，不可就食都益处。缘其肴之美恶，每视客之生熟也。"然而以吾所经，此言殊不尽信，蚝油豆腐一味，自是该处杰作，未尝以客之生熟而殊其味也。叉烧云腿，在比较上犹以都益处为胜，惟失诸过咸耳。

共乐春异军特起，亦蜚一时之誉，然而碌碌犹人，未有特殊风味，其所以脍炙人口者，或以川菜之中，参有西餐色彩耳。

美丽、大雅，实无足述，而大雅尤恶。或谓大雅之肴，的是川菜真味，蜀人固多欢迎之者。吾非蜀人，莫知其美。

上所述者，悉系川馆，异日有暇，当更述其他，为熊君补阙。

半斋之面，人多赏其"看面"，实则看面徒拥虚名，并无特殊风味，远不若"刀鱼面"之鲜肥甘美。刀鱼面，系以鱼汁为羹，和面煮之，白如凝脂，鲜过蛤蜊。每器售洋两角，取价亦非绝昂。寄语老饕，盍往一试？

友称海上"牛排"，当以"爱狄司"（EDITH）为最胜。爱狄司在百老汇路，凤以牛排驰誉，每器须洋两元，取价虽昂，而其味绝佳，失亦偿得，友言如是，容当一试之也。

福禄寿冰淇淋，以特起苍头，隆一时之誉。实则淀粉过多，乳蛋较少，润而不和，美而不肥，较普通所售，似胜一筹；若拟以沙利文，则不如远甚。

鳕鱼以广东馆所制考为佳，以吾所尝，则以燕华楼为尤胜。燕华楼佳肴颇多，若"炒鱿鱼"，若"茄利鸡"，若"鸭胸"，若"腊肠"，若"芙蓉蛋"，均极精美。不特三、四马路之宵夜馆，望尘莫及，即虹口各大酒楼，亦多勿逮。

新利查之"奶油菜花"，该肆非常自负，实则淡而无味，殊不适口。自负之因不知何在。

功德林之素菜，别有风味，偶一餐之，异常适口。惟以整席为廉，六元八元者，已足供七八人之一嚼。若夫零食，则一碟素烧鹅，售价而竟大洋六角，亦未免太甚矣。有"素鸡粥"者，制以笋屑，味殊津津，为该肆最美之品。他如"鱼翅""鸭腿"等等，有其表而无其实，殊不足以当吾人之一嚼。

苏锡派之饭店，熊君论之详矣。顾以吾所尝，则"汤卷""凤胖"两味，自以满庭坊之同福馆为独擅胜场，有非他家所逮。质诸熊君，以为如何？

京馆之在今日，虽不逮川菜之盛，要有一部分之势力。以吾所知，京馆之菜，以同兴楼为冠，会宾楼次之，悦宾楼又次之，若雅叙园，则斯下矣。

就餐京馆，当以零吃为宜，"炮双脆""金钱鸡""芙蓉蛤蜊""锅烧鸭""糟溜鱼片""烩熏鸡丝"加"猪脊""腰丁腐皮"等品，其味绝胜。但在整席，则上举诸肴，辄不见列，徒以"鱼翅""海参""烤鸭"等品，来相供应。而京馆之鱼翅，烹调既不高明，原料又极恶劣，所谓不堪下箸者，此之谓也。

京馆菜价，亦甚低廉，约四五人小吃，费三四元足矣。而堂役伺候之殷勤，又远胜于他肆，小酌其中，至足乐也。

同兴楼牌子虽老，而不倚老卖老，羹肴之美，迥绝等伦。"炮双脆""锅烧鸭"两味，口味之佳，得未曾有。惟仍以零吃为是，若夫整席，亦未见其有特长。

悦宾、会宾，其主本属一人。微闻有一良庖，初在悦宾司烹，嗣会宾以地利关系，生涯不甚隆盛，肆主乃令良庖至会宾，于是会宾之菜，遂在悦宾之上。知其内幕者，乃都舍悦而会矣。

雅叙园，昔曾驰誉海上，今则江河日下。座既不洁，触处皆是尘垢，菜又恶劣，几无一肴之长，非特不足以视"兴""宾"，而且不克以敌"六""德"（六德者，六合居与德顺居之简称也）。第凭牌子之老，苟延其残喘而已。

京馆中有所谓"红果"者，法以山楂出核，和糖煮之，亦甘亦酸，味殊适口，此为京人独擅，无能仿制之者。

味雅，以太牢食品揭橥，其于牛肉，实有特殊风味。以吾所尝，牛肉之外，若"波萝密鸡片""西瓜盅""生梨鸡"诸品，亦有殊味，不与众同。而牛肉之中，以蚝油炒者为尤佳。若"牛精"则以火候之深浅，定其味之美恶，未可一概论也。

扬州馆以"狮子头"著名，顾新老两半斋之"狮子头"实不足以供一嚼。吾友秦君，籍本维扬，自烹"狮子头"一味，鲜肥甘美，迥绝等伦。尝之始足以知广陵风味之佳，若以半斋之菜，而论广陵之味，则失之矣。

就餐扬州馆，以和菜为最广，三元一席者，有六冷、四大、四小之多。即六七人食之，亦绰乎其有余。若乎零吃，则定价殊昂，大不值得。

三山会馆对门之尉顺兴，为上海菜馆中之具有特殊势力者。按工部局定章，菜馆不得通宵营业，而市酒又以十二点钟为限，独该馆则得通夜售酒。至该馆之得此例外，言人人殊，当另篇以详。惟该馆之菜，人只知"鸡骨酱""椒盐排骨"两味为佳，殊不知"生炒硬脬"与夫自制"盐白菜"，其味绝胜，有过于鸡骨酱等也。

三马路饭店弄之正兴馆，负盛誉于海上，"炒圈子""秃卷"，尤负时望。实则正兴馆之菜，徒拥虚名而已，实无殊味可言。以吾所知，就餐饭店，当以四马路之聚昌馆、满庭坊之同福馆为宜。

有庖人曰陶银楼者，以烹调著于城内，缙绅大族，每逢宴会辄召陶厨，陶已自营一肆于彩衣街矣。肆名大富贵，就餐其中，以整席为宜，若夫零食，则一味冷碟，取值至大洋三角，一器汤炒，竟至半元大洋，味虽美而值太奢，得不偿失矣。

陶沪人也，顾其所治之肴，能兼各派之长。奶油鱼唇，川菜中之卓著者也；鱼皮馄饨，粤馆中之独擅者也，陶皆一一优为之，且其味绝胜，能青出于蓝而胜于蓝。

陶更以八宝饭著。陶所制之八宝饭，既糯且香，亦甘亦美，无油腻之气，得清芬之致。自食八宝饭以来，未有胜于陶制者也。

整席取值，其廉特甚。八元一席者，有六大菜，六汤炒，四热盆，四冷盆。两道点心之多。大菜之中，有"蟹黄鱼翅""清蒸全鸭"等等；汤炒之中，竟用"奶油鱼唇""口蘑川笋"之属，而又参以西式。有马永记、宋桂记之风味，惟盛肴之器，质而不华，重实轻华，银楼有焉。

虹口一带之东洋菜馆，别有一番风味，其中尤以"助烧"为较经济。"助烧"者取生肉就炭炉烹之，且烹且啖，弥有佳趣。肉以"牛""鸡"两种为限，注以鸡油、酌以酱液，和以甘糖，润以蛋汁；并有日妇，佐理烹调。室既古雅，味又鲜美，约二三人小吃，费三四元足矣。而其所煮之饭，既白且糯，迥绝等伦，殊足果腹。

大世界楼上大鼓场侧，亦有一肆，专售"助烧"，其味虽无殊于日人所营，顾其趣则不如远甚矣。

愚世居城内，请一述城内著名之吃，为读者换换口味。

城内之所著名者，都点心之属，若夫菜肆，则仁和馆等，早已歇业，且无一味之长，故我所述者，都点心类也。

三牌楼之菜汤团，驰名于海上者，数十年。粉既白糯，馅又鲜美，其味之佳，实驾功德林各种蔬食而上之，不知以何制法，而得此胜味。"猪肉""豆沙"两种亦极可口，不特睥睨四如春，实足凌驾五芳斋。

宝善街王大吉隔壁之臭豆腐干，颇脍炙人口。殊不知承仙宫有一金大者，所制之干，实在王大吉隔壁之上。今金大已去世，其子不能承继父业，故水仙宫之臭豆腐干，仅成一历史上之名词而已。

比年以来，乔家栅有一汤团店，颇轰动一时。汤团"猪肉""百果"兼备，味殊可口，兼制"擂沙圆"，香甜可口，别具风味。以是门庭若市，生涯大盛。

当三马路文魁斋未盛之时，有一卖糖阿四者，颇有声于邑庙各茶肆。阿四之糖，悉皆自制，椒盐杏仁、榧子糖等，不但味胜于文魁斋所制，且取价低廉，较之文魁，便宜多矣。阿四人极和蔼，而又善于兜揽，以是生涯之盛，为邑庙各小贩之冠。惜今已亡矣。

邑庙头门口之酒酿圆子，颇蜚时誉，实则徒拥虚名，无甚佳味。即以比较而论，该肆亦未有特长，不知以何幸运，乃得享此盛名。

六露轩，以及松月楼素食，亦极有闻于城内。以我所尝，则两肆所煮之炒十景等，油腻之气，刺人鼻孔，殊无可食。惟"汤浇"一味，取价既廉，味又鲜美，功德林等，或未能为。所谓"汤浇"者，以油条子和汤煮之，质实平常，味极可口。奇已。

高桥店之猪油糕，亦为城内著名食品之一。肆名徐复兴，以高桥店称者，盖店主之为高桥人也，初设肆于陈箍桥，继则迁至县西街，以赤豆猪油糕著，实则既甜且油，无足食也。

附录四　饮食店名录（1916）[①]

一、酒馆

酒馆种类，有京馆、南京馆、苏州馆、镇江扬州馆、徽州馆、宁波馆、广东馆、福建馆、四川馆、教门馆之别。新鲜海味，福建馆、广东馆、宁波馆为多；价目以四川馆、福建馆为最昂，京馆、徽馆为最廉，整席顷刻可办，如无多客，以零点为宜。此外有所谓和菜者，四盆六碗，价自一元六角至二元二角不等，此菜本为碰和（赌之一种叉麻雀也）而设，故名。

万华楼（广东）南京路议事厅对过

长春楼（广东）南京路英华街口

春申楼（南京）南京路直隶路西

华庆园（宁波）九江路69号

[①]　内容来自《上海指南》，商务印书馆1916年版。

洞庭观（苏州）九江路（福建路西）

广福楼（福建）汉口路（浙江路西）

老半斋（镇江）汉口路137号

新半斋（镇江）汉口路252号

大雅楼（镇江）汉口路253号

小有天（福建）汉口路大舞台东首

别有天（福建）汉口路小花园内

禅悦斋（净素）汉口路大舞台对门

仙仙馆（扬州）汉口路（浙江路西）

宜宜轩（扬州）汉口路145号

新新居（扬州）汉口路天外天斜对门

叙宾园（徽州）福州路（福建路东）

春江楼（广东）福州路5005号（大新街西）

聚宾园（徽州）福州路462号

聚和园（徽州）福州路476号

聚元楼（徽州）福州路（浙江路口）

同兴楼（京镇）福州路（大新街西）

新新楼（京镇）福州路胡家宅群仙戏园隔壁

民乐园（徽州）福州路（山西路口）

杏花楼（广东）福州路（山东路即麦家圈口西）

聚仙楼福州路（浙江路口）

招商太和园平望街（福州路南）

聚庆楼（南京）广东路正丰街

顺源楼（清真）广东路即宝善街上林里口

广和居（天津）广东路戏馆斜对门

大庆楼宝善街中市

大庆馆（京苏）广东路即宝善街

馥兴园（宁波）广东路即宝善街中市

得和馆（京苏）广东路（山东路西）

鸿福楼（京苏）广东路即正丰街

申商菜馆北海路安乐里

天乐园（徽州）河南路（即东棋盘街）

鸿云楼山东路（金隆街口）

得和园（徽州）山东路即麦家圈

同庆园（徽州）山西路即昼锦里

鼎新楼（徽州）山西路即盆汤弄

鼎丰园（徽州）山西路即盆汤弄

同乐园（徽州）天津路27号

善和馆福建路（天津路北）

聚乐园（徽州）福建路（福州路口）

鸿云楼（苏州）福建路（福州路南）

醉仙居（镇扬）福建路（福州路南）

可以居（维扬）福建路（福州路南）

春华楼（南京）湖北路（福州路北）

聚宝园（徽州）湖北路（福州路北）

大观楼（宁波）湖北路43号

悦宾楼（北京）湖北路迎春坊一弄口

雅叙园（北京）湖北路349号

大新楼（广东）湖北路（九江路南）

聚丰园湖北路孟渊旅馆内

状元楼（宁波）湖北路（九江路北）

中华菜馆新号浙江路（清和坊对面）

庆福楼（徽州）浙江路（南京路北）

古渝轩（四川）广西路小花园

都益处（四川）广西路小花园7号

多一处（四川）广西路（汉口路南）

同福园（徽州）广西路（汉口路南）

蜀香春（四川）广西路（福州路北）

迎宾园（徽州）劳合路（宁波路南）

状元楼（宁波）派克路571号

受有天（福建）爱而近路小菜场东

翠乐居（广东）北四川路（里白渡桥相近）

会元楼（广东）北四川路（武昌路门）

状元楼（宁波）西华德路3048号至3050号

鸿元楼东西华德路角亨达里相近

状元楼（宁波）恺自迩路（首安里口）

鸿运楼（宁波）公馆马路（紫来街西）

东江楼公馆马路八仙桥街西

长乐园公馆马路322号

大兴园（徽州）吉祥街88号

其萃楼（徽州）吉祥街74号

新民园（徽州）小东门外大街（梅园街口）

醉乐居民国路（老北门口）

大观楼民国路（新北门东）

醉白园法租界梅园街（小东门大街北）

聚贤楼（徽州）十六铺申舞台后门口

大吉楼（京苏）小东门大街

人和馆城内馆驿桥路

六露轩（净素）城内庙西街

鸿福楼城内庙前路（邑庙东）

九华园（徽州）城内福佑路

大庆园（徽州）城内大境路即九亩地

钜兴楼（南京）老北门内穿心路

最乐园（徽州）南市豆市街（新码头口）

南长兴馆南市龙德桥152号

大醺楼南市豆市街龙德桥南堍

畅乐园（徽州）里马路里关桥北堍

聚贤楼（徽州）南市里马路（会馆弄南）

二、宵夜馆

宵夜馆为广东人所设，多在南京路汉口路福州路及其附近。每份一冷菜一热菜一汤，其价大抵二角半，如欲改冷菜为热菜，即须加钱。冷菜为腊肠、烧鸭、油鸡、叉烧之类，热菜为虾仁炒蛋、炒鱿鱼、炒牛肉、曹白鱼之类，亦可点菜。冬季有各种边炉，又有兼售番菜、莲子羹、杏仁茶、咖啡等物者。

一品春（兼大菜）南京路465号

荣华楼（兼大菜）南京路（湖北路口）

广华楼（兼大菜）汉口路大舞台东首

一醉轩汉口路（浙江路西）

杏花楼福州路（山西路即昼锦里东）

共和楼福州路166号

乐趣园福州路（大新街西）

广珍楼（兼大菜）福州路大新街口

竹生居广东路即宝善街（山东路东）

奇珍楼广东路山东路即麦家圈东

燕华楼湖北路即大新街58号

竹安居湖北路（九江路南）

大兴楼湖北路（汉口路北）

同乐楼公馆马路（火轮磨坊街西）

评芳楼（兼大菜）广东路即宝善街中市

江苏春天潼路532号

广吉祥天潼路密勒路西

广珍楼东西华德路华庆里相近

美香居北四川路虬江路北

三、大餐馆

大餐馆，一名番菜馆，又名大菜馆。入席通例：以可坐主客六人之席言之，主必居中外向，最近主人之右手者为首座，近左手者次之，愈推愈远，至主人对面居中者为末座。一品食毕，以刀叉置盘中，役人知其已毕此品，可进他品，即将用过之刀叉收去，易以洁者。当就座时，先进一汤，继之以鱼肉野味及饭或点心，而终之以咖啡、水果，餐事毕矣。至餐馆种类，可分为西人所设与华人所设、日本人所设三种。西人所设者，每餐贵至七元，且多系冷菜，每茶点二角五分，均无小账。华人所设，在福州路一带，夏时宴客者多，公司菜不能拣选而价特廉，每份有三角半、五角、七角、一元之别。点菜每件自一角五六分至四五角不等，小账加一。

青年会会食堂四川路119号

兴丰（西人开）南京路18号

哈利（西人开）南京路17号屈臣氏药房西隔壁

美其南京路劳合路西

宝康南京路西藏路角

基林（西人开）极司非而路（静安寺西）

醉和春汉口路大舞台隔壁

岭南楼福州路（山东路即望平街口相近）

美得利福州路（山东路即麦家圈口）

江南邨福州路（石路口）

大观楼福州路（福建路口）

一家春福州路（河南路西）

一枝香福州路（胡家宅丹桂第一台相近）

万家春福州路（山东路口）

西洋楼福州路广西路角

倚虹楼北四川路武昌路口

共和春福州路（山东路即望平街口）

沪江春广东路（清和坊转角）

丽查浙江路（汉口路南）

一言亭贵州路六号（南京路巡捕房后）

一品香西藏路跑马场对面（汉口路西口）

杏芳栈界路庆祥里口

礼查（西人开）礼查路即外白渡桥堍

考司博屯（西人开）西华德路

德发（西人开）斐伦路沿浜（东百老汇路西）

梆梯（西人开）杨树浦周家嘴103号

罗田利四川路89号

南门（西人开）礼查路

兴隆（西人开）百老汇路三号

别克登（西人开）静安寺路

康可尔（西人开）吴淞路1537号

卡尔登（西人开）宁波路4号

宝亭（日人开）乍浦路14号

哈步亭崇明路87号

四、点心店

点心店凡四种：面店（即徽馆）、炒面馆、馄饨店、糕团店是也。面店有鱼面、醋鱼面、肉面、虾仁面、火腿面、火鸡面、锅面馒头等，以吉祥街其萃楼为最。羊肉面以山西路先得楼、时如春为最；素面以城内邑庙六露轩为最。炒面馆有炒面、炒糕、炒粉、汤面等。馄饨店有馄饨、水饺、烧卖、春卷、汤包、汤团等，以福州路四如春、近水台、四时新、聚兴春、广东路月华轩、四川路聚商楼为最著。糕团店有桂花汤圆、年糕、绿豆汤、薏米莲子羹等，夏日兼售熟藕、糖芋艿等，以昼锦里五香斋、公馆马路老万兴为最著。此外则宵夜店有杏仁茶、莲子羹等。广东茶馆，午后多兼售馒头、水饺、烧卖等物。镇江扬州酒馆，均于售早茶时，兼售面及咸甜饼饺，至专售者，有大海源（北京路盆汤弄东），味颇可口。